Frontier monitoring and evaluation techniques for early warning systems of drinking water quality

饮用水水质
早期预警系统的
前沿监测评价技术方法

姚志鹏 / 译

中国环境出版集团·北京

图书在版编目（CIP）数据

饮用水水质早期预警系统的前沿监测评价技术方法 /
美国国家环境环保局著；姚志鹏译 . —北京：中国环境
出版集团，2023.7

ISBN 978-7-5111-5568-9

Ⅰ.①饮…　Ⅱ.①美…②姚…　Ⅲ.①饮用水—水质
监测—研究　Ⅳ.① TU991.21

中国国家版本馆 CIP 数据核字（2023）第 137958 号

出 版 人　武德凯
责任编辑　曲　婷
封面设计　彭　杉

出版发行　中国环境出版集团
　　　　　（100062　北京市东城区广渠门内大街 16 号）
　　　　　网　　　址：http://www.cesp.com.cn.
　　　　　电子邮箱：bjgl@cesp.com.cn.
　　　　　联系电话：010-67112765（编辑管理部）
　　　　　　　　　　010-67112736（第五分社）
　　　　　发行热线：010-67125803，010-67113405（传真）
印　　刷　北京中献拓方科技发展有限公司
经　　销　各地新华书店
版　　次　2023 年 7 月第 1 版
印　　次　2023 年 7 月第 1 次印刷
开　　本　787×1092　1/16
印　　张　16
字　　数　310 千字
定　　价　90.00 元

【版权所有。未经许可，请勿翻印、转载，违者必究】
如有缺页、破损、倒装等印装质量问题，请寄回本集团更换。

中国环境出版集团郑重承诺：
中国环境出版集团合作的印刷单位、材料单位均具有中国环境标志产品认证。

免责声明

　　本书内容已根据美国国家环境保护局的政策进行了审查，并被批准进行出版和发行。本书描述的研究内容是根据美国国家环境保护局提交给 ICF Consulting 公司的合同 68-C-02-009 进行管理的。

　　在本书引用的参考文献及尾注中提及的商业产品、商品名称或服务并不代表，也不应被解释为代表美国国家环境保护局的官方批准、认可或建议。

　　有关本书或其应用的问题应向以下地址提出：

Jafrul Hasan, Ph.D.

USEPA Headquarters

Office of Science and Technology, Office of Water

1200 Pennsylvania Avenue, NW

邮件代码：4304T

Washington, DC 20460

电话：202-566-1322

电子邮件：hasan.jafrul@epa.gov

鸣　谢

该研究项目是由国家国土安全研究中心、研究和发展办公室资助，并由科学和技术办公室、水办公室管理。

美国国家环境保护局感谢以下人员和组织为制定饮用水水质早期预警系统的前沿监测评价技术方法的贡献。

美国国家环境保护局工作任务经理：Jafrul Hasan

ICF 工作任务经理：David Goldbloom-Helzner

合作工作任务经理：Audrey Ichida

ICF 的工作人员：Tina Rouse and Mark Gibson

主题咨询专家：Stanley States, Walter Grayman, Rolf Deininger

内部（EPA）审查员：

Jonathan Herrmann	研发办公室 / 国家国土安全研究中心
Irwin Silverstein	水安全司办公室和研发办公室 / 国家国土安全研究中心
John Hall	研发办公室 / 国家国土安全研究中心
Roy Haught	研究和开发办公室 / 国家风险管理研究实验室
Robert Janke	研发办公室 / 国家国土安全研究中心
Alan Lindquist	研发办公室 / 国家国土安全研究中心
Matthew Magnuson	研发办公室 / 国家国土安全研究中心
Regan Murray	研发办公室 / 国家国土安全研究中心
Grace Robiou	水安全处办公室
Cesar Cordero	水办公室 / 科学和技术办公室
Jafrul Hasan	水办公室 / 科学和技术办公室

外部（非 EPA）审查员：

Ronald J. Baker	美国地质调查局
Frank Blaha	美国水务工程协会研究基金会
Erica Brown	都市水机构协会
Bill Clark	都市水机构协会
Ricardo DeLeon	南加州的大都会水区
Wayne Einfeld	桑迪亚国家实验室
Lee Glascoe	劳伦斯利弗莫尔国家实验室
Kevin Morley	美国水厂协会
My-Linch Nguyen	美国水务工程协会研究基金会
Irwin Pikus	美国弗吉尼亚大学
Connie Schreppel	莫霍克山谷水务管理局
Alan Roberson	美国水厂协会

缩略词表

Å	埃（光谱线波长单位）
AFD	自动化食品设备
AK	腺苷酸激酶
AMS	高级监控系统中心
AOAC	美国官方分析化学师协会（历史上的官方分析化学师协会）
APDS	自主病原体检测系统
ASCE	美国土木工程师学会
ASTM	美国材料与试验协会
ASV	阳极溶出伏安法
ATP	三磷酸腺苷
ATR	衰减全反射
AWWA	美国水厂协会
AwwaRF	美国自来水厂协会研究基金会
BADD	生物战剂检测装置
BARC	珠阵列计数器
BCIP	5- 溴 -4- 氯 -3- 吲哚基磷酸钠盐水合物
BEADS	生物检测分析物输送系统
BOSS	生物光电传感器系统
BTA	生物威胁警报®
CAD	计算机辅助绘图
CBR	化学、生物和放射学
CBRTA	化学、生物和放射技术联盟
CBS	基于案例的系统
CBW	生化战
CCD	电荷耦合器件
CDC	美国疾病控制和预防中心

CFD	计算流体动力学
CFU	菌落形成单位
Ci	居里
CIS	客户信息系统
COD	化学需氧量
Cpm	每分钟计数
CRADA	合作研发协议
CWS	污染预警系统
DARPA	国防高级研究计划局
DHS	国土安全部
DNA	脱氧核糖核酸
DO	溶解氧
DOD	国防部
DOE	能源部
DSRC	供水系统研究联盟
DSS	供水系统模拟器
ECBC	埃奇伍德化学生物中心
ECD	电解电导检测器
ECL	电化学发光
EDS	事件检测软件
ELFA	酶联荧光免疫分析
ELISA	酶联免疫吸附测定
ELOD	估计检测限
EMPACT	公共访问和社区跟踪的环境监测
EOC	紧急行动中心
EPA	美国国家环境保护局
EPS	延长期模拟
ETV	环保技术验证
EWS	预警系统
FBI	联邦调查局
FDA	美国食品和药品管理局

FID	火焰离子化检测器
FPW	弯曲板波
FT-IR	傅里叶变换红外
GC	气相色谱法
GC-MS	气相色谱－质谱仪
GE	基因组当量
GIS	地理信息系统
GMR	巨磁电阻
HA	羟基磷灰石
HANAA	手持式核酸分析仪
HRP	辣根过氧化物酶
HSPD	国土安全总统令
I-CORE	集成冷却／加热光学反应
ICS	事故指挥系统
ICWater	事故指挥官水建模工具
IDSE	初始供水系统评估
ILSI	国际生命科学研究所
IMS	离子迁移谱
INL	爱达荷国家实验室
ISAC	信息共享与分析中心
ISE	离子选择电极
JBAIDS	联合生物制剂鉴定和诊断系统
LAN	局域网
LEMS	液体排放监测系统
LIMS	实验室信息管理系统
LLNL	劳伦斯利弗莫尔国家实验室
LRAD	远距离阿尔法检测
LRN	实验室响应网络
MAGIChip™	凝胶固定化合物的微阵列
MALS	多角度光散射
MALLS	多角度激光散射

MCL	最大污染物水平
MEMS	微机电系统
MIP	分子印迹聚合物
MIT	麻省理工学院
MOEMS	微光机电系统
MS	质谱
MW	分子量
NaI	碘化钠
NALOD	核酸检测限
NASA	国家航空和航天局
NDWAC	国家饮用水咨询委员会
NHSRC	国家国土安全研究中心
NNI	国家纳米技术计划
NRMRL	国家风险管理研究实验室
NSF	NSF 认证（历史上为国家卫生基金会）
NTA	国家技术联盟
OGWDW	地下水和饮用水办公室 / 美国国家环境保护局
OHS	国土安全办公室 / 美国国家环境保护局
OLM	在线液体监测系统
ORD	研发办公室 / 美国国家环境保护局
ORNL	橡树岭国家实验室
ORP	氧化还原电位
OW	水务办公室 / 美国国家环境保护局
PCR	聚合酶链式反应
PDD	总统决策令
PEC	光合酶复合物
Pfu	斑块形成单位
pfu-e	斑块形成单位当量
PID	光电离检测器
PNNL	太平洋西北国家实验室
ppb	十亿分之一

ppm	百万分之一
ppt	万亿分之一
psi	磅每平方英寸
QA/QC	质量保证和质量控制
QLFA	定量横向流动分析
R&D	研究与发展
RADACS	放射评估显示和控制软件
RAPID	坚固型高级病原体识别设备
RBS	基于规则的系统
RLU	相对光单位
RNA	核糖核酸
ROC	接收器工作特性
SAIC	科学应用国际公司
SAW	表面声波
SBIR	小企业创新研究
SCADA	监督控制和数据采集
SDWA	安全饮用水法
SERS	表面增强拉曼散射
SIA	顺序注入分析
SMART™	敏感膜抗原快速检测
SMP	亚线粒体颗粒
SNL	桑迪亚国家实验室
SOPs	标准作业程序
SPCE	表面等离子体耦合发射
SPME	固相微萃取
SPR	表面等离子共振
SSL	安全套接层
TAM	原位放射性监测
TCD	热导检测器
TCR	总大肠菌群规则
T&E	测试和评估

TEVA	威胁集合漏洞评估
TIGER	三角定位鉴定遗传风险评估
T&O	味道和气味
TOC	总有机碳
TRA	技术准备评估
TTEP	技术测试与评估计划
UC	超滤浓缩
UHF	超高频
UPT	上转换发光技术 ™
URL	统一资源定位器（也称为网站地址）
USACEHR	美国陆军环境健康研究中心
USAMRIID	美国陆军传染病医学研究所
USGS	美国地质调查局
UV	紫外线
VARA	脆弱性和风险评估
VHF	甚高频
VOCs	挥发性有机化合物
WaterISAC	水资源信息共享与分析中心
WATERS	水资源分析技术评估研究与安全
WCIT	水体污染物信息工具
WDM	供水监测
WERF	水环境研究基金会
WISE-SC	水基础设施安全增强 - 标准委员会
WLA	水实验室联盟
WQS	水质系统
WS-CWS	WaterSentinel 污染预警系统
WSD	水安全司
WSTB	水科技局
WSWG	水安全工作组
WUERM	自来水公司应急响应经理

目 录

图表目录

1

报告重点内容概述

恐怖袭击加剧了美国人民对国家安全的担忧。对于水系统来说，无论是来自物理上的破坏、电子设备的干扰，还是化学、微生物或放射性污染，这种蓄意污染事件都可能对公众健康和国家水质检测基础设施的安全产生深远影响。早期预警系统（EWSs）[①] 是及时避免或减轻蓄意污染事件影响的重要工具，以便人们进行及时有效的反应，从而减少或消除不利影响（ILSI，1999）。集成的 EWSs 包括：检测污染物的传感器；传输、编译和分析数据的系统；通信与通知的链接；以及决策和应急响应的协议。

本 EWS 报告的目的是探究饮用水基础设施，特别是研究饮用水供水系统的尖端科技和前沿技术。该报告总结和评估了当前和新兴的可识别化学、微生物和放射性污染物的 EWS 技术，而且还确定了未来的发展方向、技术问题和研究空白。从各个渠道收集了相关信息，包括公司信息、政府信息、验证研究结果、现场案例研究和专家意见。

该项目的基础概述在《水安全研究和技术支持行动计划》第 3.3e 节 [1] 中，其建议对饮用水和其他 EWSs 进行测试和评估，侧重点为供水系统。这项研究也支持国土安全总统令 HSPD-9 的实施，尽管这项研究在 HSPD-9 [2] 发布之前就已经开始。HSPD-9 指导美国国家环境保护局（EPA）"发展稳固、全面和充分协调的监控和监测系统，提供对疾病、有害生物或有毒物质的早期检测和识别。"为了在这个相对新兴且发展迅速的领域中聚焦最有潜力的产品和技术，本书中的研究准则可以用来指导供水系统 EWSs 现有技术和产品的应用，或未来可用于 EWSs 的产品或技术的研发。

为了应对 HSPD-9，美国国家环境保护局正在与饮用水领域的技术专家和利益相关方合作，设计一套完备和全面的饮用水系统监测方案，以提供攻

---

① 早期预警系统（EWSs）是本书中使用的一个术语。这个术语源于 EWSs 在监测水源水中的使用。探测设备已被用于识别取水口上游水源水质的变化（例如，河流或小溪中的化学物质泄漏）。从最真实的意义上说，预警系统将提供在人类暴露于具有公共卫生影响的污染物之前的早期预警（如检测并预警）。在饮用水供水系统的第一代污染物预警系统中，情况可能并非如此。在威胁识别的基础上，出现了另一个艺术术语，那就是"污染预警系统"。污染预警系统包括主动部署的检测设备、使用监测技术／策略和加强监测活动，以收集、汇总、分析、分享信息，对潜在的水污染事件及时发出警告，并采取应对行动，最大限度地减少对公众健康和经济的影响。基于目前可用的技术，污染预警系统倾向于"检测到处理"。然而，随着技术的进步，以及接近实时检测特定污染物或特定污染物类别的能力，预计污染预警系统将朝着"检测预警"的方向发展。

击迹象的早期预警，以此将公共卫生破坏后果降至最低。这些努力的结果是"WaterSentinel"，这是一个拟议中的示范项目，美国国家环境保护局将与选定的公司和实验室合作，设计、部署和评估饮用水污染预警系统模型。附录 A 中包含了关于 WaterSentinel 概念背后的思想是如何演变的详细的描述。

本报告是水污染预警系统最新进展综述，反映到 2005 年 5 月收集的研究成果和信息。技术发展的快节奏以及饮用水 EWSs 的实施表明本报告应被视为一个简要指导并对相关公司提供帮助，为他们开展计划活动提供支持，使其为供水系统的潜在威胁和攻击迹象提供早期预警。随着技术的发展越来越先进，本报告的定期更新是十分必要的。

1.1　综合 EWSs 的期望特性

EWSs 是一个用于监测、分析、解释和共享监控数据的集成系统，其相关数据可对保护公众健康的决策提供支持，并最大限度地减少对公众不必要的影响和不便。要成为供水安全和质量监测系统中广泛应用的有效并可靠的组成部分，理想的集成 EWSs 应显示出一些特征，例如：

- 提供快速响应；
- 检测到的足够广泛的潜在污染物；
- 表现出较高程度的自动化，包括样本的自动留存；
- 以合理的成本进行采购、维护和升级；
- 操作人员不需要掌握大量技能和进行大量培训；
- 识别污染物的来源，并可以准确预测检测点下游的污染范围和浓度；
- 有足够的灵敏度来检测污染物；
- 允许最小限度的误报 / 漏报；
- 在水环境中连续运行时，表现出稳定可靠；
- 允许远程操作和调整；
- 允许实时监测；
- 允许第三方进行测试、评估和验证。

当企业或政府部门考虑进行集成 EWSs 的开发，特别是应用于供水系统时，应该经过一个结构化的思考过程来确定使用 EWSs 的需求和方式。在设计饮用水供水系统 EWSs 的领域中，一些专家提倡分为两个阶段的"分层"

方法。第一阶段使用连续的实时传感器。当在水中检测到污染物时，可以提供日常警告或触发警报。第一阶段的范例包括常用的多参数在线传感器，其通常用于监测水质（如 pH、电导率、氯残留量等）。第一阶段警报将触发第二阶段，即使用更具体和更敏感的技术来确认和识别污染物（ILSI，1999；Hasan et al.，2004）。第二阶段技术可以部署在现场，也可以作为便携单元带到现场。此外，另一种设计可能包括第一阶段的警报，并结合来自用户反馈和公共卫生监测的数据，作为确认污染物测试的触发器。尽管实时连续的监控是最终的目标，但在实时监控可用之前，可能存在更有效的过渡 EWS 体系结构。

1.2　结论和建议

这些结论和建议是基于对 EWSs 科学的评价。利用验证研究、政府研究和专家意见等各种渠道，对定性、半定性和定量信息进行了专家审查。

以下是本次基于对最先进的 EWSs 技术和技艺的审查而得出的一般性结论和建议。接下来是根据预警系统的特点而形成的一般和具体的结论和建议，其中具体结论和建议包括数据采集和分析；流量建模；传感器位置；预警管理；决策与响应；多参数水质技术；以及化学、微生物和放射性污染物的检测。这些建议包括近期和长期的相关技术的理论和研究空白。

1.2.1　一般性结论和建议

满足预期特性并可常规使用的可行的集成 EWSs 还需要几年的发展。目前仅有一些单独组件，其他的应用需求还需要进一步的发展。供水系统 EWSs 的设计主要处于理论阶段或初步阶段。现有的系统并不具有集成的 EWSs 的所有特性。大多数传感器和 EWSs 组件尚未经过第三方测试或验证，污染物的类型和暴露水平也没有得到明确的定义以支持对于传感器技术的选择。相关公司需要进行相关验证和示范研究，以评估各种制造商的要求。

短期研究需求

- 应该对 EWSs 的设计和实施进行深入的审查。
- 易损性评估的方法应适用于重点关注污染情况。
- 需要对国际上 EWSs 的发展水平进行研究。

● 应快速发展采样制度和分析技术。

长期研究需求

● 应对相关公司使用的监测器／传感器／探测器进行调查、案例研究和分析。

● EWSs 组件需要进行性能测试。

● 应持续审查潜在污染物清单。

● 应对传感器检出限的浓度持续进行审核。

● 应研究污染物，特别是有毒副产品的迁移和转化（包括暴露水平、剂量和检出限的浓度）。

● 各机构对 EWS 的实验室研究结果应可以复现，EWS 研究的结论应在政府机构和利益相关者之间分享。

1.2.2 具体的结论和建议

（1）数据采集与分析

通过监督控制和数据采集（SCADA）或其他自动化系统收集数据，对于处理 EWS 中来自在线传感器的大量数据至关重要。许多所需的数据采集软件和硬件已经存在。然而，EWS 的 SCADA 系统的软件安全（如加密性）仍在研发中且需要验证，但可以由现有的应用程序与一般安全问题同时解决。

短期研究需求

● 需要制定数据分析和解释的标准化方法／指导。

● 需要采用大规模的数据存储和操作技术。

长期研究需求

● 应该开发 SCADA 数据安全程序，将现有的软件功能与 SCADA 所必需的安全特性联系起来。

（2）流程建模

预测供水系统中污染物的移动和流动不仅对潜在的蓄意污染事件快速响应十分重要，而且对提高 EWS 设计的有效性也很重要。一般的污染物分布检测系统建模，特别是污染物流量预测系统正在迅速发展。目前的污染物流动模型也可以整合来自地理信息系统（GIS）的数据。模型校准已越来越多地应用于供水系统。耗水模型也偶尔被纳入系统中。供水公司验证和开发的流量预测模型可满足总体规划（扩展、升级、维修、维护）和测试蓄意污染场景的双重目的。这些模型还有助于供水系统中一般的水质管理。虽然目前在美国还没有确定的校准标准，但已有静态和动态校准方法（EPA，2005）。此外，美国水厂协会（AWWA）的一个委员会确实在 1999 年提出了一套可能的校准准则（ECAC，1999）。这些可能的校准指南应作为催化剂或起点，以推进制定公认的校准指南或标准。相关公司将需要进一步地研究和指导如何利用这种预测模型，包括更好地理解如何校准它们。EPA 的威胁集合漏洞评估（TEVA）程序将流量模型（如 EPANET）合并到一个概率框架中来评估供水系统污染事件。

短期研究需求

- 需要建立改进的污染物流动模型。

长期研究需求

- 流量模型需要进行验证，然后用于改进 EWSs 的设计。

（3）传感器的布局

由于预算和技术上的限制，水务公司只能对其供水系统内的传感器进行适度的初始投资，因此往往希望确定传感器最合适的放置位置。没有经过复杂的实验优化技术进行验证，有限数量的水务公司开始设计 EWSs 并安装传感器时，决定传感器的位置首要因素为基础设施限制（例如是否通电及是否可以进行数据传输），其次是服务于多数用户的主要供水管道。目前结合流量模型和传感器技术的研究正在开展，但必须在水务公司做出昂贵且艰难的决定之前对这些模型进行验证。

短期研究需求

- 需要提供保护远程传感器的硬件和材料。

长期研究需求

- 建议研究传感器的设置参数。

（4）警报管理

警报管理系统通常由两个不同领域组成：①建立警报触发器的参数。②减少错误警报。传感器数据与基准线触发器会将比较中发现的任何异常信息通过报警来提醒操作员。因此设立可靠的基准线数据十分关键，尤其是在水质发生波动时。警报管理系统通常依赖严格的数据验证协议或专门的软件来减少误报。有几家公司正在致力于警报管理，但目前正处于初步研究阶段，通常采用专有的触发算法。

长期研究需求

- 应检查警报管理方法 / 技术，并量化对误报和漏报的敏感性。

（5）决策权的制定和响应

EPA 的响应协议工具箱中概述了将污染数据分析与决策和响应联系起来的过程；然而，水务公司需要更多的工具来有效地实施这一过程。目前正在开发协助决策和响应的工具，如水体污染物信息工具（WCIT），这将有助于填补当前的空白。

长期研究需求

- 需要使用技术来支持决策制定和实施响应策略。

（6）多参数水质技术

目前正在研究使用多参数水质监测器作为组成供水系统 EWSs 的一部分。其中多参数水质监测技术包括现成的水质传感器，它在分析时可识别水质的物理或化学变化。这样的变化可以表明污染物是意外添加或蓄意添加。标准水质参数包括氯化物、电导率、浊度、游离氯、氧化还原电位（ORP）、pH、溶解氧（DO）、温度，有时还有总有机碳（TOC）。从 EPA 的初步测试中，对供水系统监测有用的参数包括氯离子（离子选择性电极，ISE）、电导率（电极）、浊度、游离氯和 ORP（EPA，2004）。TOC 的检测具有很大价值，但价格过于昂贵无法广泛使用。多参数水质监测方法尚未得到充分的评估以推荐广泛使用。例如，没有对氯胺化合物系统进行过测试。此外，人们还担心系统的误报。然而，由美国地质调查局（USGS）、美国国家环境保护局和参与的水务公司在未来 12～18 个月进行的全面测试可能有助于阐明错误情况，以及系统是否能够正常检测水质的波动。

一些设备制造公司正试图通过水质参数特征来识别污染物或污染物类别。这很难独立地验证或复制这些公司的活动，因为他们的方法和算法有专利保护，这表明在这个关键时刻应该谨慎使用这些方法。此外，美国国家环境保护局、美国地质调查局、美国陆军和其他组织仍在评估检测和识别污染物的水质参数检查。目前还没有对含有这些水质参数成分的 EWSs 进行现场尺度测试。

短期研究需求

- 需要经过验证的基准线数据来校准 EWSs 报警触发器。

- 需要制定污染物的特征识别方法。
- 需要验证事件检测算法。

长期研究需求

- 应确定使用 TOC 传感器的成本和收益。
- 应开发更经济和可靠的 TOC 传感器。

（7）化学污染物的检测

便携式现场检测套件和设备可用于抓取样品并化学分析，也可用于现场检测可能的化学污染物。与便携式现场检测技术相比，针对特定化学污染物的在线检测技术使用不合理或没有成本效益。在未来的几年里，该领域将在有效性和可靠性方面得到进一步的发展。一些新技术（例如，基于微型芯片的技术）可能会彻底改变饮用水的化学检测领域。消毒剂残留物通常存在于处理过的饮用水中，可能会给许多检测毒素的技术（如生物监测）带来问题。有些技术已经足够成熟，可以被推荐成为 EPA 环保技术验证（ETV）研究的良好候选技术。

短期研究需求

- 应检查消毒剂残留物对检测结果准确性的影响和清除情况。

长期研究需求

- 应开发可靠的现场检测工具。
- 现有最先进的检测技术应适用于 EWSs。

（8）微生物污染物的检测

在线微生物检测技术的发展还需要几年时间。光散射方法显示出较好的应用前景，但大多数方法不适合连续在线监测或区分微生物类型。为了使用带有抓取样品功能的便携式现场检测单元来确认污染物的存在和浓度，有几种潜在的适应性方法可供选择，包括免疫分析、聚合酶链式反应（PCR）和三磷酸腺苷（ATP）。这些方法尚未充分发挥其潜力，因此很可能会继续被纳入新的监测设备和系统。抓取采样包括可以按预定的时间间隔进行采样或采集复合样本（例如，随着时间的推移连续收集小体积的样本）。在任何取样过程中，都必须确保微生物的完整性。对于饮用水，大多数取样方法面临的挑战是通过中空纤维和微泵收集样品的问题。一般来说，收集样品对某些方法来说似乎并不是不可逾越的障碍。一种推荐的方法是用通用检测器（如多参数探针或光散射）筛选样本，然后使用免疫分析装置与另一种方法一起进行识别。ATP 检测试剂盒在检测微生物污染方面很有前景，但目前的产品尚未被验证用于处理过的饮用水。在未来，微型芯片在推进污染物的在线检测方面具有巨大的潜力，但目前该领域还不够成熟，无法提供满足饮用水公用设施检测需求的设备。

短期研究需求

- 需要改进提取和浓缩技术。
- 需要采用区分浓缩干扰剂和目标污染物的方法。
- 需要进一步开发现场检测所需的稳定试剂。
- ATP 检测试剂盒应由第三方评估为 EWSs 适用。

长期研究需求

- 针对独特的基因表位的抗体（存在于威胁剂上），显示出交叉反应性较低的抗体应该被开发出来。
- 需要对能够检测新兴、进化和工程微生物的其他方法和技术进行研究。

（9）放射性污染物的检测

已证实的技术可以检测废水中的辐射，但尚未对饮用水进行技术转移或应用。只有少数产品声称适用于饮用水辐射检测，有些产品是以抓取样品为基础的。一些供应商正在开发更多的产品，但目前仍不清楚这些潜在的放射性污染威胁是否值得使用这些昂贵的实时监测产品。商业上有少数项目由美国国家环境保护局或专门研究辐射的国家实验室进行验证。本研究中提到的所有放射性监测设备通常都需要在安装、设置和常规校准方面的专业知识——即使该设备被标记为免维护。因此，饮用水或供水系统目前还没有辐射探测的早期预警，并且推动这种检测设备市场发展的力量并不强大。

短期研究需求

- 应开发和验证双峰放射性探测器，用于饮用水监测。

长期研究需求

- 需要低成本的在线放射性监测器。
- 应开发专门针对供水系统的监测器。

2

EWSs 介绍

本部分首先介绍了对供水普遍关注的背景，包括供水的限制、污染威胁和 EWS 潜在的优点。然后描述了美国国家环境保护局在水安全管理方面的作用，以及美国国家环境保护局在 EWSs 开发和应用上的努力。此外，本部分概述了这项研究的目的，即回顾饮用水基础设施的综合技术，特别是目前饮用水和供水系统监测的新兴技术。本部分审查了监测能力、未来的发展方向、技术问题和研究差距。最后介绍用于 EWSs 进行审查的方法。

2.1　关注供水问题

恐怖袭击加剧了美国人民对国家安全的担忧。对于水系统来说，无论是来自物理的破坏、电子设备的干扰，还是化学、微生物或放射性污染，这种蓄意污染事件都可能对公众健康和国家水基础设施的安全产生深远影响。EWSs 是及时避免或减轻蓄意污染事件影响的重要工具，以便人们进行及时有效的响应，从而减少或消除不利影响（ILSI，1999）。

2.2　美国国家环境保护局在水安全管理和早期预警系统中的作用

美国国家环境保护局在保护供水，特别是支持开发用水方面发挥着主导作用。这一作用在若干条例、国家战略和总统指令中得到了概述，包括：

● 1998 年 5 月 22 日签署的总统决策令（PDD）指定美国国家环境保护局为国家水基础设施安全的负责机构。

●《国土安全国家战略》（2002 年 7 月），[3] 指定美国国家环境保护局负责保护国家的供水系统。

●《2002 年公共卫生安全和生物恐怖主义防范和应对法案》（《生物恐怖主义法案》）要求为大于 3 300 人的社区服务的供水系统进行易损性评估并准备应急计划。此外，该法案还要求美国国家环境保护局审查当前和未来的计划，以防止、检测和应对有意将化学、生物或辐射污染物引入社区供水系统的行为。

● 2003 年 12 月 17 日签署的关于关键基础设施识别、优先级化和保护的 HSPD-7，也加强了美国国家环境保护局作为水基础设施的管理特定机构的作用。

● HSPD-9 于 2004 年 2 月 4 日签署，[4] 指示负责农业、食品和水安全的联邦机构"发展健全、全面和充分协调的监测和监测系统，提供对疾病、害虫或有毒物质的早期检测和认识……"这项研究虽然在 HSPD-9 实施之前就开始了，但支持 HSPD-9 对这项工作的推进而做出的贡献。

为了应对 HSPD-9，美国国家环境保护局正在与饮用水领域的技术专家和利益相关者合作，设计一套健全的饮用水系统监测计划。这将提供饮用水系统被袭击的早期迹象预警，并将尽量减少袭击事件对公共卫生的影响。建立在现有努力基础上的结果是 WaterSentinel，这是 2006 财政年度预算中提出的示范项目，美国国家环境保护局将与部分水务公司和实验室合作，设计、部署和评估监测饮用水安全的污染预警系统模型。污染预警系统包括积极部署和使用监测技术 / 战略，并加强监测活动，以收集、整合、分析和交流信息，为潜在的水污染事件提供及时预警，并采取应对行动，最大限度地减少水污染事件公共卫生和经济的影响。

尽管美国国家环境保护局正在不断完善该计划的概念设计，但 WaterSentinel 将采用 4 种方法来检测污染：第一，监测水质参数；第二，对优先度高的化学、生物和放射性污染物进行直接监测和实验室分析；第三，将水系统数据与现有的公共卫生监测系统数据相结合；第四，积极关注监测用户反馈。除了其他关键的信息来源（如情报威胁分析和来自当地执法部门的报告）外，WaterSentinel 还将利用一系列数据流来支持庞大的污染预警系统。附录 A 中包含了关于 WaterSentinel 概念背后的思想是如何演变的更详细的描述。

自 2001 年以来，美国国家环境保护局在水务办公室（OW）和国土安全办公室（OHS）中成立了水安全司（WSD）。美国国家环境保护局已经发布了国土安全战略计划。为了成为国土安全研究工作的先锋，美国国家环境保护局在研发办公室成立了国家国土安全研究中心（NHSRC）。[5] 由 NHSRC 和 WSD 编写的《水安全研究和技术支持行动计划》（行动计划）强调，有必要改进对饮用水系统中的生物、化学和放射性威胁的监测和检测分析，作为确保饮用水供应和系统安全的一部分。NHSRC 一直在与国土安全部（DHS）、其他政府机构、国家实验室、水务利益相关方和水务行业合作，协调和开展包括 EWSs 在内的各种问题的研究（附录 B）。美国国家环境保护局已经发起了许多与 EWSs 有关的工作，其中包括：

2.2.1 国家国土安全研究中心的研究

EPA/ORD 的国家风险管理研究实验室（NRMRL）拥有多个 DSS 单元，位于俄亥俄州辛辛那提的测试和评估（T&E）设施内。水评估技术评估研究和安全（水）中心位于 T&E 设施内，可以使用 NRMRL 的 DSS 单元。美国国家环境保护局在该设施有 6 个不同的 DSS 单元。DSS 单元的设计和制造是为了评估和研究美国和国外的供水基础设施系统中影响水质的最新动态。所有的 DSS 单元都是在地面上设计和制造的，以便于进入整个供水管道分配系统。DSS 单元由 6 个独立的管道回路循环单元、3 个单通终端单元和 2 个去污研究回路组成。美国国家环境保护局目前正在水中心进行研究，以评估各种传感器和监测技术、分配系统建模、消毒和去污，以及数据采集系统。目前正在对传感器和监测技术进行评估，以了解这些技术如何应对供水系统中的意外和故意污染事件和威胁（Haught and Goodrich，EPA，个人交流）。

2.2.2 环保技术验证（ETV）项目

ETV 项目通过美国国家环境保护局和私人检测评估组织之间的合作，作为公共 / 私人的合作伙伴关系运作。ETV 的目标是为已有商业准备的环境技术提供可靠的性能数据，以加速其实施并造福于供应商、购买者、授权者和公众。6 个 ETV 研究中心，有 3 个在水安全相关领域工作：ETV 高级监控系统中心（AMS-Battelle）、ETV 饮用水系统中心（NSF Internationa）和 ETV 水质保护中心（NSF International[6]）。以前由 ETV 负责的一些测试区域正在被转移到 NHSRC 的国土安全技术测试和评估项目中[7]。

2.2.3 技术测试与评估计划（TTEP）

TTEP 是由 NHSRC 在 2004 年开发的，具备严格的测试技术与广泛的性能特征。TTEP 的使命是通过由可信的来源提供可靠的绩效信息，来满足水公用事业运营商、建筑和设施管理人员、应急响应人员、结果管理人员和监管机构的需求。我们感兴趣的技术类别包括检测、监测、处理、去污、计算机建模和保护水和废水处理基础设施和室外环境的设计工具。如果可能的话，将测试检测化学、生物、放射学（CBR）和化学及生物制剂的能力。作为

ETV 的产物，TTEP 的许多方面都与 ETV 相似。TTEP 不向供应商提供验证声明或说明书，但可以在供应商参与的情况下进行技术测试。

2.2.4　美国土木工程师学会（ASCE）在线污染监测系统设计指南

根据美国国家环境保护局的合作协议，美国土木工程师协会 / 水基础设施安全增强标准委员会（ASCE/WISE-SC）制定了临时自愿安全指导，涵盖了在线污染监测系统的设计，以检测故意污染事件（项目的第一阶段[8]）。该项目的第二阶段是开发供水务部门使用的适当的培训材料；该项目的第三阶段是为设计 EWS 制定具有社区共识、自愿的最佳实践标准。

2.2.5　水务公司用户群

AWWA 召集了一个水事务公司小组（以前称为水污染物检测工作组），提供他们在污染物检测方面的意见和经验。该小组在过去 1 年（2004—2005 年）曾多次举行会议，并邀请美国国家环境保护局的代表参加这些会议。用户组特别感兴趣的是美国国家环境保护局的 TEVA 研究计划。TEVA 研究计划正在开发软件工具、方法和战略，以用于评估化学和生物攻击对饮用水公共卫生安全产生的影响，并设计和评估缓解和应对战略。TEVA 研究项目将与一小部分 AWWA 水务公司合作，利用从这些公司收集的网络模型和水质数据来验证和改进 TEVA。由来自美国国家环境保护局、能源部（DOE）国家实验室和大学组成的跨学科研究团队正在合作开发这些工具。最终，TEVA 研究计划的产品将有助于设计特定于单个实用程序的 EWSs。这些信息将旨在评估饮用水分配系统中传感器位置的方案，并优化污染事件后的响应和恢复工作（Murray et al.，2004）。

2.2.6　水安全工作组（WSWG）

国家饮用水咨询委员会（NDWAC）由一般公共机构、州和地方机构以及有关安全饮用水的私人团体的成员组成。NDWAC 就该机构与饮用水有关的项目向美国国家环境保护局提供建议。NDWAC 有几个工作组向全体委员会提出建议，而全体委员会又就个别法规、指导方针和政策问题向美国国家环境保护局提供建议。美国国家环境保护局要求 WSWG：①确定、汇编和描述保证饮用水和废水处理设施安全的做法和政策，并在公用事业层面考虑和采用这些做法和政策；②考虑提供认可和激励机制，促进水务部门内部广泛接受，以实施这些积极有效的安全行动和政策，并提出适当的建议；③考虑各种机制来衡量这些积极有效的安全行动和政策的实施程度，确定其实施的障碍，并提出适当的建议。WSWG 于 2004 年 7 月开始召开会议，并于 2005 年 6 月向 NDWAC 提交了关于这些问题的报告草案。2005 年 6 月，NDWAC 一致通过了 WSWG 的调查结果，并将这些调查结果提高到作为对美国国家环境保护局提交的建议层面。

2.2.7　水体污染物信息工具（WCIT）

美国国家环境保护局 2004 年的国土安全战略呼吁水务系统部署 WCIT，以方便优先获取污染物的关键信息并开发该工具的组成部分，包括污染物中可治疗性和毒性水平的数据。在这个计划中，当相关公司在确认发生污染事件致电给美国国家环境保护局的国家反应中心时，将向该公司提供详细的信息。然后，这些信息将被传到该应用程序中。该战略建议应基于最新信息并定期修订 WCIT。

2.2.8　供水系统研究联盟（DSRC）

DSRC 成立于 2003 年 6 月，由美国国家环境保护局的 NHSRC 领导。DSRC 包括来自许多有水基础设施研发经验的机构、水工业、美国国家环境保护局项目办公室和地区以及其他有兴趣的组织的联邦雇员。DSRC 提供了一个论坛，进行关于不同的供水系统安全主题的信息交换。主题包括 EWS 的研究（如传感器、现场研究、传感器放置）和净化及去污研究。

2.2.9　EPA 资源 / 指导

EPA/OW/ 地下水和饮用水办公室（OGWDW）正在维护一个水设施安全网站，其中包括各种指南，响应协议工具（例如，现场特征和采样指南，分析指南），安全产品指南，[9] 在国土安全事件中使用的标准化分析方法（在 NHSRC 网站上），以及用于监测 CBR 污染的传感器列表。

2.3　针对 EWSs 最新审查的目的

饮用水供水系统需要 EWSs，因为监测和处理饮用水的污染，特别是在供水系统中的污染，是一个重要的问题。适用于 EWSs 的技术研究和开发正在迅速发展，对研发 EWSs 领域的最新审查提出较大的挑战。

该项目的基础在《水安全研究和技术支持行动计划》第 3.3e 节中概述，[10]该组织建议对饮用水的 EWSs 进行测试和评估，如果适用还建议评估与水环境相关的其他部门的 EWSs，其评估重点为适用于供水系统中的 EWSs。更具体地说，行动计划第 3.3e 节有以下 4 个连续但相互依赖的任务构成：

（1）开展调查，以进一步了解可用于保护引用水和供水系统的 EWSs；

（2）对可被水务公司用于提供污染物威胁或蓄意污染事件的早期预警的 EWSs 进行试点测试和评估；

（3）对供水公司可用于对污染物威胁或蓄意污染事件进行早期预警的 EWSs 进行现场测试和评估；

（4）准备饮用水供应和系统保护的应用手册。

本报告旨在完成的行动计划的任务（1）包括对当前和新兴的 EWSs 技艺和技术的全面审查，并评估它们的最新发展情况，以确定未来的方向、研究差距和技术问题。与水源水的 EWSs 相比，饮用水的 EWSs 面临一系列特殊的挑战。饮用水中包括各种用于净化的化学品，包括氯残留物。净化过的水也需要流经数英里*的供水系统管道，这使得 EWSs 组件的安装变得极其困难。其他 3 个任务将由 WaterSentinel 等项目来解决。上述所有 4 项任务都将作为 EPA/NHSRC 管理的整体综合方案的一部分处理。关于地下水监测技术的更多信息可在促进挥发性有机化合物长期地下水监测的新兴传感器技术综述中找到（EPA，2003）。

目前需要收集关于特定污染物（微生物、化学、放射性）如何影响在线监测系统测量水质参数的信息，特别是关于目前哪种技术可以最好地检测污染物。目前许多监测技术和产品可以作为 EWSs，同时传统监测系统的供应商已经开始进行宣传。然而，在大多数情况下，这些系统的性能尚未得到充

---

*　1 英里≈1.6 公里

分或独立的评估。如果没有基本的评估信息（如检测极限、灵敏度、选择性、误报率和漏报率），就将很难解释监测结果并获得作出适当的公共卫生决策所需的信息。低限度评估的监控技术或 EWSs 可能会造成一种错误的安全感，因其不能保证该技术能满足 EWSs 的需求。此外，也有可能导致错误性警报，破坏监测程序的有效性或破坏 EWSs 的有效性。目前大量的研究工作正在进行中，以研究并评估现有可能适合作为水系统在线监测系统的新技术的开发。

随着有前景的技术不断地发展并引入市场，现在需要一种机制来评估和验证 EWSs 的性能，包括现场评估和测试地点的选择。理想情况下，这种测试应由独立的第三方机构按照标准方案进行，并应根据标准化的方法对主要技术进行评估。这将为水务公司提供必要的数据，以便在 EWSs 中实施特定技术时作出正确的决定。美国国家环境保护局的 TTEP 可以提供这种独立的测试。TTEP 实施过程遵循严格的质量保证程序来评估技术性能。需要利益相关者参与、鉴别和选择需要的测试技术，以及制订测试计划和审查评估报告。[11]

饮用水分配系统中饮用水 EWSs 的设计并不简单，因为需要考虑许多问题以及饮用水系统的特性。在 EWSs 的有效设计中应解决的问题包括规划、通信、描述系统特征、确定 EWSs 的目标污染物、选择合适的 EWSs 技术、实现适当的预警水平和监测频率、使用水力模型来优化传感器的数量和位置、选择要监测的参数，以及进行数据管理和分析。

最近的 3 个项目补充了本报告的范围。在第一个项目中，本报告中前面提到的 ASCE-WISE-SC 白皮书和指南，其试图为相关公司提供关于在线污染物监测系统的设计和实施的具体指导（ASCE，2004）。相比之下，本报告回顾了最先进的 EWSs 技艺和技术，并提供了进一步发展集成性 EWSs 的建议。在第二个项目中，国家技术联盟（NTA）通过化学、生物和放射技术联盟（CBRTA）发布了一份题为"有毒污染物水体监测设备技术评估"（Black et al.，2004）的报告。NTA 利用在技术上的商业投资来满足美国的安全和防卫需求。NTA 报告的重点是对水源水和饮用水的监测技术研究。相比之下，本报告侧重于集成 EWSs 的组成部分（例如，监测、数据采集、流量建模），并专门针对供水系统的饮用水监测。AWWA 的一篇题为"水的污染预警系统：向决策者提供可操作信息的方法"的文章提供了监测技术、监测位置、数据传输、警报和响应的简单摘要（Roberson et al.，2005）。

本报告的目的是提供一个当前最先进的综述（及时的简要说明）。在此过程中，还确定了短期和长期需要探索的研究领域。然而，这项研究并不能解决与 EWSs 相关的所有问题。以下是本报告范围的局限性。这项研究没有详细讨论饮用水污染物的具体类型，而是关注于三类污染物：化学、微生物和放射性污染物。这些类别在广泛的层面上被用来评估监控技术。具体信息（如污染物可检测到的浓度或对人类健康产生影响的浓度）对评估特定仪器或一套仪器很重要。然而，许多关于污染物的类型和浓度的详细信息和研究工作要么没有公开，要么正在进行资料收集，要么正在审查。当供应商、政府机构或测试 / 验证机构提供信息时，将提供不同技术的检测限制。由于新兴技术的新颖性，可能不会为这些新兴技术提供检测限制。

EWSs 的设计是一个复杂的问题，而针对供水系统的 EWSs 的设计和开发仍处于早期阶段，并还在继续发展中。本报告总结了 EWSs 的基本设计和特点，但没有详细涵盖这个主题。例如，该研究没有提供选择仪器、定位安装仪器、设置预警等级以及整合其他独立数据流（如公共卫生监测和消费者投诉监测）的详细标准。这个文件不是一个指导文件，而是一个最新技术的审查方案。如上所述，ASCE 提供一些指导，其包括对 EWSs 的期望特征进行排名（Carlson et al., 2004）。对这项研究进行早期草案的审查者建议，需要对 EWSs 的设计和实施进行更详细的研究。为了实现这一点，还需要设定另一个多阶段的项目，以进一步验证对设计可能性和问题的充分研究。这样的项目应该让水务部门的利益相关者参与进来，包括水务公司、设备设计师和制造商、研究人员和政府官员。

本报告中涵盖了许多技术和产品。EPA 不推荐或认可本报告中提到的具体产品。此外，提供的关于特定技术的信息来自产品供应商，除非另有说明，否则证明没有得到独立验证。我们已经努力使用多个来源来核实信息；然而，美国国家环境保护局并不对相关公司提供信息中的错误负责。如上所述，技术的状况（如试点、概念）以及现场试点项目实施的方案是基于供应商或当地政府的工作。尤其难以准确地预测新兴技术何时会发展为可靠和有市场价值的产品。

该项目的目的是对饮用水基础设施，特别是饮用水供水和分配系统中综合污水处理的监测系统相关的最新技艺和技术进行全面审查。本报告试图确定当前和新兴的 EWSs 技术的现状，以及未来的发展方向、研究差距和技术问题。第 1 部分提供了报告的重点。第 2 部分介绍了集成的 EWSs 的概念，并讨论了用来进行这个审查的最新方法。第 3 部分描述了定义 EWSs 所需的特性和其组件特性。第 4 部分介绍了 EWSs 的总体设计和操作，包括数据管理和分析、预测流建模、传感器放置、报警管理、数据安全和响应通信。第 5 部分介绍了使用一般的水质参数作为污染事件预警的概念，同时还介绍了为总结特定污染物的多参数水质特征所进行的研究及细节。第 6 部分、第 7 部分和第 8 部分分别涵盖了化学、微生物和放射学检测方法和技术。这些部分以类似的格式组织起来，对本项目研究的技术进行一般描述，然后是可用或可适用于饮用水监测的特定示例产品介绍，最后是介绍更多处于发展阶段的新兴技术。第 9 部分讨论了第 5 部分到第 8 部分中监测技术的评估。第 10 部分解释了对 EWSs 最新评估的结论和建议。以表格形式呈现，并按时间顺序标记。

2.4　针对 EWSs 最新的审查方法

关于 EWSs 的审查文件涵盖了可能适用于许多不同水体的监测需求以及特定的 EWSs 需求的技艺和技术。审查和评估 EWSs 组件的方法包括几种形式的信息收集和批判性审查。具体为从已发表的文献、学术会议、研讨会、工作组和与该领域专家的咨询中收集信息。审查和评价方案包括以下 6 个步骤：

步骤 1：确定供水系统的污染问题方面的专家，以协助本报告的技术背景写作，尤其是蓄意污染事件。

步骤 2：总结 EWSs 的特征和特性，以及提出这些特征的理由。

步骤 3：编写一个 EWSs 组件的初步的快速检测技术的清单、功能和状态的描述。通过一般的描述给出具体的产品。其中包括水质参数监测器和化学、生物或放射性污染物的探测器。

步骤 4：制定汇总 EWSs 设计和运行状态的清单和报告。正常的水质监测器结合数据中继、分析和显示技术都是 EWSs 设计的一部分。这些技术的位置以及如何相互作用并更安全可靠地工作也是 EWSs 设计和操作的组成部分。

步骤 5：确定并讨论 EWSs 未来所需进行的研究、学术差距、信息和技术发展方向。

步骤 6：评估技术的能力和问题。

对于步骤 3 和步骤 4 中确定的 EWSs 商业产品，收集的信息包括产品的一般描述，这些产品在很大程度上是应用于供水系统实时全面监控的 EWSs。

其包括检测方法、检测到的污染物、检测范围、验证水平、试点的潜力、当前使用情况和其他方面的评价。然而，本书并没有获得所讨论的所有技术和产品的完整信息。本报告中提到的产品和制造商清单见附录 C。

2.5　信息来源

2.5.1　专家

在各种学术会议、研讨会、讲习班以及通过电话和电子邮件咨询了政府、工业界、学术界和该领域的水务专家。主要专家提供了他们在学术研讨会这方面的经验和知识（见鸣谢）。在许多情况下，通过电子邮件和 / 或电话直接联系公司代表，以获取有关产品及其应用的信息。一般来说，通过电子邮件或电话获得的产品或程序信息被视为个人通信。所有的沟通都发生在 2004 年 7 月至 2005 年 7 月。

2.5.2　学术会议和研讨会

EWS 的设计及其组件技术是水安全这个新兴领域的一部分。与所有正在经历快速发展的领域一样，可以从学术会议和研讨会中获得许多有价值的资料。来自几次会议的材料已进行汇编和审查，以建立对 EWSs 最先进的审查的内容。主要作者为收集信息而参加的会议和研讨如下：

- 水安全大会，AWWA（2004 年 4 月，2005 年 4 月）[12]
- 由 AWWA 主办的污染监测技术研讨会（Richmond，Virginia，2004 年 5 月）[13]
- 加强水基础设施安全研讨会，《水基础设施在线污染监测系统设计指南》（2004 年 5 月 19 日）[14]
- 供水安全与安全的快速检测技术（Washington，DC，2004 年 6 月）[15]

2.5.3　出版文献

收集了由同行评审的已发表的文献、政府机构出版物、供应商文献和验证测试结果中的信息，并严格审查以纳入本报告。信息来源包括：

- 文章、出版物（如 *Water Environment and Technology*）

- 参考文献，如早期预警和预测水源水监测系统的设计［美国自来水厂协会研究基金会（AwwaRF）］
- 已经上市的快速毒性监测系统的 EPA 性能验证测试
- 在该领域有研究部门的其他联邦机构的研究成果［如美国国防部（DOD）、美国国家航空航天局］

2.5.4 网站资源

数百个网站的信息被评估为适用于本次审查范围。由于网络信息发展得如此之快，被引用的网站的电子档案和硬盘拷贝被收集起来以供将来参考。本报告引用 RUL 作为报告的尾注，截至 2005 年 4 月。

2.5.5 其他工作组的贡献

获得了关于环境污染监测工作组的资料，包括美国国家环境保护局工作组和水污染物检测工作组。

2.6 选择 EWSs 产品 / 技术的标准

本 EWS 研究报告的目的是报告检测污染物的最新技艺和技术，特别是检测饮用水分配系统中的化学、微生物和放射性污染物。为了集中精力于选定这一相对较新的领域中最有前途的产品和技术，制定了将相关技术和产品纳入本书的标准。大多数只是概念性的或目前没有设想适用于水的相关技术和产品都被省略了。关于用于选择相关技术的标准的完整讨论，以及所调查的产品和技术的列表，可以在附录 C 中找到。

指定了 3 类开发技术：①目前可用于 EWSs 的（正在使用，非搁置技术，或可用于水务公司项目的）；②适用于 EWSs 的潜在适应性技术（正在使用中，但需要采用额外步骤来解决在供水系统的使用问题）；③可能适用于 EWSs 的新兴技术。

在本书中，技术是根据上述 3 类进行分类的（如可用、可适用及新兴技术），如果有资料，则提供核查级别的详细资料。对于大多数产品，除了有说明外，制造商的声明没有得到独立来源的评估，并且提到的产品没有得到美国国家环境保护局的认可。

3

综合早期预警系统的
预期特性

EWSs 不仅仅是一个监控技术的集合，也是一个部署监测技术的综合系统；用以分析、解释和传递监测结果；并利用这些结果做出保护公共健康的行动方案，同时最大限度地减少社区内不必要的关注和恐慌。EWSs 应被视为水系统运行的关键部分。EWSs 可用于识别蓄意污染事件和其他影响水质的非故意污染。为了成为供水安全（和水质监测）系统中广泛使用、有效和可靠的部分，综合系统应表现出一些独特优势。

3.1 综合早期预警系统的预期特性

为了成为供水安全和质量监测系统中广泛使用、有效和可靠的部分，理想的集成 EWS 应具有一些特征，如以下特征（ILSI，1999；Grayman，2004a；Hasan et al.，2004）：

- 提供快速响应；
- 包括可以检测到的足够广泛的潜在污染物；
- 表现出显著的自动化程度，包括自动样本留存；
- 以合理的成本进行采购、维护和升级；
- 操作人员不需要掌握大量技能和进行大量培训；
- 识别污染物的来源，并可以准确预测检测点下游的污染范围和浓度；
- 证明有足够的灵敏度来检测污染物；
- 允许最小限度的误报 / 漏报；
- 在水环境中持续运行时，表现稳定及可靠；
- 允许远程操作和调整；
- 连续监测；
- 允许第三方进行测试、评估和验证。

目前，还不存在具有上述所有特征的 EWS。然而，EWS 的部分组件可以满足某些核心特征：①提供快速响应；②在保持足够灵敏度的同时筛选一些特定污染物；③作为一个自动化系统运行，允许远程监控。任何没有显示这 3 个核心特征的 EWS 系统都不能被认为是有效的 EWS。虽然强调了这 3 个核心特征，但在 EWS 的设计中，下面提出的其他特征不能被忽略。例如，在解释结果时，应考虑误报 / 漏报结果的比率和检测方法敏感性。在设计 EWS 时，应考虑到系统的运行和维护成本、采样率和可靠性。此外，相关公司不愿投资于尚未经第三方验证的技术。

3.1.1　快速响应时间

EWS 的响应时间通常是从污染物接触传感器到报告结果并启动响应的时间（Mays，2004）。理想的 EWS 应在足够的时间内检测、识别和传递警告，以便在人类健康受到损害之前采取响应行动（ILSI，1999）。特别希望 EWS 在污染发生时检测和识别之间的时间尽可能地快速。这可能会受到所使用的技术和识别污染物的总体方法的影响。例如，一种方法可能包括一种技术的初始警告，然后由另一种技术进行确认。在目前的大多数文献中，快速检测技术的速度主要是指从样本采集到最终识别并提交结果之间的时间。ILSI 报告指出早期预警监测在检测供水污染事件的时间为 2 小时或更少则被认为其检测结果时间是快速的（ILSI，1999）。一些制造商称他们的现场便携式采样组件（或设备）为快速检测技术。在这些情况下，需要注意的是，即使一项技术拥有 2 分钟的分析时间，但是需要 30 分钟的设置时间，那么有效时间实际上是 32 分钟。此外，从现场收集样本所需的时间将影响总体响应时间。

响应时间还可以包括通知决策者污染物分析的结果、启动响应计划过程和启动响应计划实施的时间。由于足够快速的 EWS 的定义包括"足够的行动时间"，因此应该定义行动的预期结果。例如，期望达到的结果可能需要采取的措施，如通过缓解措施或关闭水泵来防止污染物到达居民用水口或其他更简单的响应。

虽然检测、数据分析、决策和响应时间都包含在 EWS 的总体响应时间内，但检测技术不应该成为响应过程的"瓶颈"。理想情况下，快速检测技术应该具有高通量（每隔几分钟或更少收集一次数据或样本）、快速和简短的分析时间。在最佳情况下，从检测到污染物，做出决策，并在污染物到达消费者的水龙头之前执行响应。从这个意义上说，EWS 应努力实现"检测和保护"（事件检测和预防暴露；可能是即时的）和"检测警告"（在重大暴露或出现公共卫生影响之前发现的污染事件；可能需要数小时）。只能"检测治理"的系统（暴露后检测到的事件，可能需要数小时至数天）属于污染警告系统，但可能不符合 EWS 的快速检测、识别、响应、实施的标准（Roberson et al.，2005）。然而，随着技术的进步和实时检测特定污染物或分析特定污染物类别的能力的提升，预计污染预警系统将转向"检测警告"。

3.1.2 污染物范围

在设计 EWS 时，只关注特定的饮用水污染物预警是不切实际的，也可能是无效的。此外，冗长而详尽的污染物清单可能会对可能发生的威胁程度产生误导性印象（WHO，2004）[16]。由于污染物和潜在污染物清单非常庞大，因此期望为每种污染物或威胁配备单独的检测技术是不合理的。超大范围的现有的污染物和新型污染物对任何供水系统的资源和技术能力都会造成极大负担。相反，需要进行一个持续的工作，就是根据已知污染物的物理化学特征、来源、对公共卫生的影响或破坏供水系统的可能性等特性，对已知污染物进行分组。像这样的分组可以提高 EWSs 的效率，因为有效的分组对确定监测技术的适当类型、放置位置和成本很有帮助。因此，有必要研发一套或一组技术能够检测大范围的污染物和其他威胁，而不是对每种污染物单独检测的技术。有毒化学物质、放射性污染物和微生物病原体是大类别，需要特殊的检测和识别策略。附录 3-1（EPA，2003/2004）提供了其他包含实例的子类别。

3.1.3 自动化和远程操作

与人工取样分析相比，自动化系统有几个优点。使用自动化系统，更容易指示和跟踪采样间隔。不同的操作人员人工取样而引入的人为误差和可变性是自动化系统展现优势的因素。与人工分析相比，自动化系统可以大大减少人为采样误差，这使利用自动化系统远程监测更加可行。同时远程操作的技术也很有价值，因为人员不需要每次取样时都前往取样地点。有些设备是自动化的，可以远程自动部署，但如果参数需要调整、校准或验证，那么工作人员必须前往这些设备的所在地。如果需要到每个设备调整参数，那么性能优化是较为麻烦的。能够通过中央服务器指令设备进行调整、校准或验证的系统稳定性是可行的，但不适用于用来检测污染物的许多传感器。

"在线"意味着一定程度的自动化、远程控制和实时检测的能力。在线至少是指要永久安装的设备的能力。"连续在线"可以用来强调实时能力。这个术语不应与"在线"或"管道内"混淆，后者指的是在管道内放置设备，因此供水系统的水不必重新流出分配系统进行取样。或管道内的技术也可以在线使用。

当需要进行验证性测试时，需要自动进行样品留存。当警报被触发时，自动样品采集装置应存储采集的样本，以便触发警报的水样可以在现场使用便携式设备或在实验室中进行更复杂的分析。如果没有自动样品存储，那么确定监测器是否检测到污染的短暂峰值或是否存在误报则会是不小的问题。尽管整个供水系统的流量不同，但在响应小组到达监测位置执行手动采样之前，预测一些关注度较高的污染峰值可能通过传感器的浓度并不是不合理的。即使有来自多个传感器的数据与流量模型集成来预测下游污染的位置和浓度，仍然需要样品留存，特别是污染事件导致的刑事调查。

表 3-1　饮用水污染物类别和实例

类别	示例
微生物污染物	
细菌	炭疽芽孢杆菌、布鲁氏菌、伯克霍尔德氏菌、弯曲杆菌、产气荚膜梭菌、大肠杆菌、土拉弗朗西斯菌、鼠伤寒沙门氏菌、志贺氏菌、霍乱弧菌、鼠疫耶尔森菌
病毒	杯状病毒、肠道病毒、甲型 / 戊型肝炎、天花病毒、委内瑞拉马脑炎病毒
寄生虫	细小隐孢子虫、阿米巴原虫、刚地弓形虫
化学污染物	
腐蚀性物质	抽水马桶清洁剂（如盐酸）、树根溶解器（如硫酸）、排水管清洁剂（如氢氧化钠）
氰化物盐或氰化物	氰化钠、氰化钾、杏仁苷、氯化氰、铁氰化物盐
金属	汞、铅、铍盐、有机化合物和螯合物（即使是铁、钴、铜盐，在高剂量时也是有毒的）
非金属阴离子，有机非金属材料	砷酸盐、亚砷酸盐、亚硒酸盐、有机砷、有机硒化合物
氟化有机物	三氟乙酸钠（一种灭鼠剂）、氟醇、氟化表面活性剂
碳氢化合物及其含氧和 / 或卤化衍生物	油漆稀释剂、汽油、煤油、酮（如甲基异丁基酮）、醇（如甲醇）、醚（如甲基叔丁基醚或 MTBE）、卤代碳氢化合物（如二氯甲烷、四氯乙烯）
杀虫剂	有机磷（如马拉息昂）、氯化有机物（如 DDT）、氨基甲酸盐、一些生物碱（如尼古丁）

续表

类别	示例
恶臭、有毒和/或缺乏刺激性的化学物质	硫醇（如巯基乙酸、巯基乙醇）、胺（如尸胺、腐胺）、无机酯（如三甲基亚磷酸盐、二甲基硫酸盐、丙烯醛）
有机水溶剂	丙酮、甲醇、乙二醇（防冻剂）、酚类、洗涤剂
除杀虫剂以外的农药	除草剂（如氯苯氧或阿特拉津衍生物）、灭鼠剂（如超级华法林、磷化锌、萘硫脲）
医药品	心脏苷类、一些生物碱（如长春新碱）、抗肿瘤化疗（如氨基蝶呤）、抗凝血剂（如华法林）。包括非法药物（如 LSD、PCP 和海洛因）
化学武器	有机磷神经毒剂（如沙林、塔崩、VX）、囊泡剂、氮和硫芥子（分别为氯化烷基胺和硫醚）
生物毒素	植物、动物、微生物和真菌衍生的毒素（如蓖麻毒素、肉毒杆菌毒素、非洲毒素）
放射性污染物	
放射性核素	不单指核武器。放射性核素可用于医疗设备和工业辐照器（如铯 -137、铱 -192、钴 -60、锶 -90）。包括金属和盐

3.1.4 可承受的成本

作为水务公司成本负担能力是必不可少的。尽管不同的供水设施的价格有所不同，但本部分概述的 EWSs 的期望特征和特点可以作为一个清单，以比较系统彼此之间和买家的需求的差距。此外，潜在用户可能会考虑其他因素，如设备的老化、供应和维护成本，以及来自其他高度优先领域的预算需求。一个具有成本效益的 EWS 应该允许在未来进行升级和改进。这可以通过模块化设计来实现，该设计可以按照计划的时间表逐步升级，以便在新技术出现时可纳入其中。这种螺旋式类型的开发应该能保持 EWSs 在性能和成本方面的长期发展。[17] 除了固定投入成本外，还有持续的运营和维护成本。

3.1.5 低技能水平和培训

操作人员技能水平和培训要求将考虑到检测技术和整个 EWS 的成本中，并将影响系统的有效使用。如果人员流失太快，需要初步培训、进一步的实践以及实际经验才能掌握复杂技术，将会遭受时间的影响。相比之下，需要低技能水平和最低限度的训练就能有效运行的技术则更有可能在一致的基础上产生更好结果。应考虑实际取样或分析技术，以及分析和解释结果所需的必要软件应该具备的技能和培训。

3.1.6　污染物的来源

我们希望尽快确定污染发生的地点。虽然 EWS 不太可能准确确定污染点，但至少应该为事件的调查提供指导，并缩小可能的位置所在的范围。在持续污染的地方，这对于阻止污染物进入是有价值的。在蓄意污染的情况下，进入现场将受到刑事调查协议的约束。还需要评估意外短暂污染的地点。在整个系统中监测设备的现场位置和特殊的污染物流动模型将有助于追踪污染物的进入点。此外，一旦污染物通过探测器的位置，准确预测污染物的位置和浓度将十分重要。这对于了解干预措施、获取样品或其他响应在哪里很有帮助，对于确定有风险的特定用户以及预测暴露量是很有价值的。

3.1.7　灵敏度

检测方法或测试的灵敏度通常会影响检测技术的有效性和成本。如果需要检测到较低水平的污染物，但设备只能有效地检测出较高水平污染物的检测方法是无用的。通常，能够检测到非常低水平的污染物的检测方法会被高水平的污染物所淹没，而且可能比其他适当的选择更昂贵。然而，一种可以定量、在大浓度区间检测的检测方法可能会非常昂贵。对于受管制的污染物，检测方法应该足够敏感，能检测出与调控水平相结合的浓度水平。对于危险的潜在污染物，如 CBW 制剂，所选择的检测阈值应以科学为基础从而保护公众健康。

3.1.8　最低的误报率 / 漏报率

误报和漏报可以使系统的有效性大大降低。误报率和漏报率可以在综合预警系统内的单个监测设备和整个预警系统中定义。漏报导致系统保护性降低，因为相关水平的污染物逃避了检测。这可能导致灾难性的公共卫生后果和 / 或居民对饮用水供应失去信心。来自设备或检测方法的误报可能会减缓有效反应时间，因为每次获得报警结果时，都必须通过额外的测试来确认。如果警告数值的结果足够严重，那么最初的假定的结果就会引发反应。任何响应都有以人工时间和直接成本来衡量的相关成本。如果最初的结果在随后被确定为误报，那么成本就会被浪费，在某些情况下，公众对相关机构的信任也会被破坏。公众发现不准确的污染警告，都会增加未来警告被忽略的概率，这将增加真实污染事件对公众健康的影响。在许多情况下，在启动任何响应计划之前，都会增加确认结果所需的时间。

适当的数据分析和提升相关技术可以降低 EWS 的误报率。只有误报 / 漏报率非常低或有非常快速的确认方法的系统才应被视为早期预警系统。美国国防高级研究计划局（DARPA）化学和生物传感器标准研究所提出了通过捕获灵敏度、正确检测概率、误报率和响应时间之间的性能权衡来评估传感器的方法（DARPA，2004）。Hrudey 和 Rizak（2004）开发了用于危害检测和证据判断的统计框架，为在饮用水安全背景下平衡误报和漏报错误的决策提供建议和数学理论支持。此外，Bravata 等（2004）描述了在受试者工作特征（ROC）曲线中报告敏感性、特异性以及测试前和测试后的概率，以图形化的方式传达预测的误报和漏报信息。还建议，已发表的评估诊断测试的指南可以适用于评估检测系统，因为诊断测试指南已经实现并促进了该领域的研究和设计，提供相对可接受的敏感性标准和特异性（或似然比）的无偏估计。参与第三方验证的制造商和其他各方应定量分析误报率和漏报率。

误报和漏报的来源可能是人为操作错误，如不规范的移液或混合操作。在供水系统中也有一些常见的化学物质或干扰条件，它们可能会干扰某些类型的分析方法。例如，氯残留物可能会干扰检测，因为氯本身可以通过某些测定方法作为一种毒素进行测定。氯对生物细胞（如鱼类、细菌）也有毒性。铜和其他金属会影响某些分析方法的化学性质。生物膜（覆盖在管道内部的微生物群落）通常存在于供水系统的管道中，可以自然脱落，释放微生物到饮用水中。微生物检测技术可能会将微生物出现的背景水平与故意污染事件相混淆。这种干扰物质将在第 9 部分中进行更详细的讨论。

单个设备和检测方法的误报和漏报应与 EWS 系统的总体漏报率区分开来。虽然单个技术可能有误报和漏报率，但可以通过使用验证性和备份测试对 EWS 的总体设计进行补偿，但总体 EWS 的误报和漏报率应该非常低。如果响应计划包括从其他社区来源呼叫应急响应人员，相关公司应考虑到一些地方政府可能会对在约定时间段内超过一定数量的虚假警报的组织和个人处以罚款。

3.1.9　稳定性和连续功能

EWSs 和相关技术应能抵抗由人为失误或环境条件造成的损害或检测结果的不准确，如持续暴露在水体环境中。这种稳定性降低了维护成本，并提供了更高的可靠性。这些标准同时适用于硬件和软件。在维护过程中出现的人为失误应很容易被发现。对震动、摇晃或坠落高度敏感的设备会降低效能，并可能会提高维护成本。湿度和温度等环境条件也会对设备的检测结果造成波动，即使是在没有阳光直射和没有降水的地方也会波动。容易产生系统崩溃或掌握起来过于复杂的软件会影响系统的实用性。手持设备应考虑电池寿命。对于在线设备，在断电后自动重启是可行的，特别是对于远程操作的设备。持续、可预测、全年运作是 EWSs 的首要任务。

3.1.10　第三方验证

需要第三方验证来评估确定特定的设备和方法是否达到预期宣传的效果。EPA 的 ETV 项目和 TTEP 为一些与 EWS 相关的几种产品提供第三方验证评估报告。另一个提供第三方验证的国际组织是 AOAC，[18] 其使命宣言是"通过科学的分析为社区利益相关者提供必要的工具和方法，并通过建立共识，开发符合要求的方法和服务来确保监测质量。"

3.2　综合式预警系统的设计特点

集成的 EWS 的设计需要包含其所有组成部分的概念框架。图 3-1 概述了集成的 EWS 的组件特征。集成的 EWS 不仅包括选择传感器，还包括确定传感器位置、获取数据、进行数据分析、开发通信和通知链接、建立决策程序，以及制定响应协议。虽然公共卫生监测、消费者投诉和结果管理是定义更广泛的污染预警系统的特征（附录 A），但本报告更多地关注饮用水分配系统中污染物传感器 / 探测器以及相关数据和通信网络的使用。

当考虑集成的 EWS，特别是对于供水系统，公共项目应该经过结构化的决策过程。图 3-2 展示了设计 EWS 概念性的过程。

程序包括：①确定对 EWS 的需要。②进行适当和必要的规划和协调。③准备整体 EWSs 方法。④开发设计 EWSs 的细节。下面将更详细地描述这些步骤。Hasan 和他的同事在《水资源更新报告》（Hasan et al., 2004）中回顾了这些关于 EWS 设计过程的大部分信息。在一项被称为 WaterSentinel 倡议（附录 A）的相关努力中，美国国家环境保护局正在设计一套污染预警系统。此外，美国国家环境保护局正在与饮用水利益相关方合作，制定操作规范，由选定的水务公司进一步完善设计要点和设立监测试点。

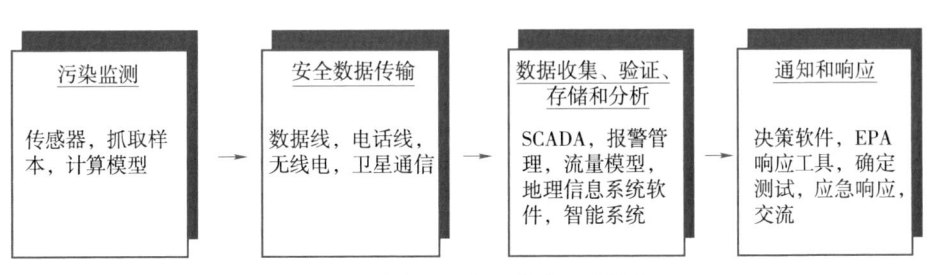

图 3-1　综合式预警系统的设计特点

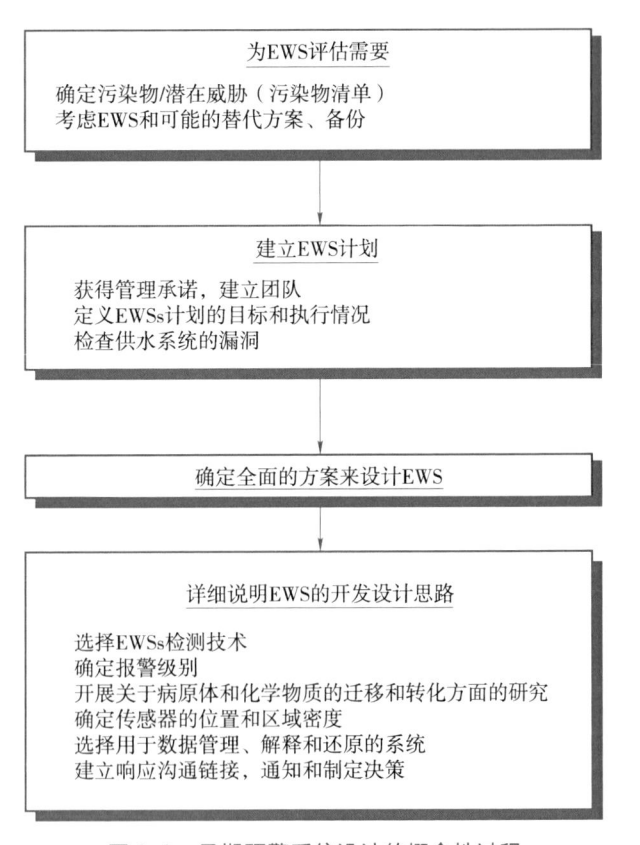

图 3-2　早期预警系统设计的概念性过程

3.2.1 评估集成的 EWS 的需求

在评估对集成 EWS 的需求时，相关公司应确认或重新评估其易损性，特别是关于系统对蓄意污染事件的易损性。易损性评估应考虑此类事件的威胁、某一事件的后果，以及预防、识别和应对此类事件的设施的状态。此外，水务公司应描述供水系统的特征，以确定是否有一种合理的方法来提供早期预警以保护用户。该方案规模的大小、使用模式和存在的漏洞应该是重点关注的因素。相关公司还应权衡将客户投诉监测和公共健康监测与污染物传感器 / 探测器以及相关的数据和通信网络相结合的成本效益。相关企业应该考虑当前 EWS 技术的成本和可靠性。虽然保护公共卫生是 EWSs 的首要目标，但公众也应考虑到其对预警系统的有效性的看法。不仅要得到保护，还应该让大多数公众尽可能感受到保护。在这方面，相关公司和部门应考虑向公众发布相关信息。虽然公众的认知水平应该足以让公众了解到 EWS 能有效阻止污染，但不应损害 EWS 的有效性。相关公司可以选择包含额外的设计特性来解决其客户所关注的问题。

供水系统的大小可能会极大地影响 EWS 的适当设计。大、中、小的供水设施有显著的差异。例如，传感器在饮用水系统中的数量和位置将取决于公共项目的规模，包括供水系统中管道的英里数、服务的人口数和流量动态。污染威胁的类型也可能从大到中到小，所以 EWS 设计也应该反映这些差异。此外，不同规模的水务公司在综合使用 EWS 上的预算有很大的不同。例如，中小型系统可能主要依赖于较低成本的筛选技术，以及一些水质监测器和客户投诉数据，而不是投资于昂贵的在线系统或数据核实工具。小型系统可能没有像 SCADA 这样复杂的数据收集和分析系统。因此，有些 EWS 设计可能需要使用较少的自动化技术，甚至是手工的数据收集 / 分析技术。

3.2.2 建立 EWS 计划和协调性

开发 EWS 的决定需要得到管理层的批准。开发 EWS 的规划通常需要相关公司组建一个团队，其中可能包括来自水务公司、地方和州卫生部门、应急单位、执法机构和地方政府领导层的人员。应制订 EWS 开发计划，概述并阐释确定的 EWS 的目标。该计划还应包括将如何解释、使用和报告监测结果或数据。该计划可以设定性能标准和基本的设计要素。设计团队还应考虑法律和监管问题，同时计划应为项目确定明确的预算和时间线。请注意，饮用水的 EWS 的规划和协调可能与水源水污染的 EWS 不同但有关联。

在制订计划时，设计团队应确定要监测的供水系统的特征。例如，供水系统的特征应包括流量、压力、接入点、需水量和使用模式、管道的范围以及管道和泵站的位置。水力模型可能在这一表征中具有使用价值。

此外，设计团队应特别检查供水系统对故意污染的易损性。《生物恐怖主义法》要求以前进行的易损性评估应对评估物理安全方面具有帮助。通过扩展的易损性评估可以帮助识别可能发生的污染情况（例如用泵克服管道压力），以及插入位置和方法（例如在短时间内污染；在较长时间内污染、泵送或溶解基质）。污染事件的持续时间是 EWS 的重要参数，水力模型可能有助于识别供水系统的不同部分的污染物浓度，如果这些部分受到损害，将会产生最实效性的后果。易损性评估还应有助于识别目标污染物。

在选择所关注的污染物时，应考虑到系统的缺点和现有的处理能力中去除或中和特定污染物的能力。该名单可能涵盖范围广泛的特定污染物的污染物组。污染物清单可以从包括美国国家环境保护局在内的各种机构获得。这一步十分重要，因为可能会选择 EWS 的不同成分来检测有毒物质、微生物或放射性污染物。在规划 EWS 时，应该讨论系统维护要求、内务管理、系统管理问题、人力资源要求，包括安全和培训、锻炼相关参与者，以及在改进技术后可实时升级系统。

3.2.3 确定 EWS 设计的总体方法

目前有许多方法来开发设计一个有效的 EWS。虽然实时连续监控是最终的长期目标，但在实时监控器可用之前，可能会有更有效的中间 EWS 结构。根据 2006 财政年度预算，美国国家环境保护局将启动 WaterSentinel 计划，这是一个拟议的示范项目，美国国家环境保护局将与选定的公司和实验室合作，设计、部署和评估饮用水安全的污染预警系统模型。因此，美国国家环境保护局及其合作伙伴将获得业务和战术经验，以帮助制定标准化和具有成本效益的方法，以协调监测饮用水。然而，在实施这个程序并取得经验之前，本书提供了一些可能的 EWS 设计方法，以及一些关于这些方法的效果和局限性的简要讨论。

- 饮用水供水系统 EWS 设计领域的一些专家提倡采用分为两个阶段的"分层"方法。第一阶段使用连续的实时传感器，可以提供一个通用的警告或触发一个水中污染物的警报。如果第一阶段监测有效且几秒钟内发生的初始检测核查正确，将触发第二阶段，使用更具体和更敏感的技术来确认和识别污染物（ILSI，1999；Hasan et al.，2004）。第二阶段技术可以部署在现场，也可以作为便携式单元带到现场。分析可能需要几分钟或几个小时，这取决于检测方法和在供水系统中的位置。这种分层的方法解决了目前的问题，即有限的或没有实时连续监控技术的情况下，可以成本较低地、在线地、实时地监测和识别数百种特定的污染物。仅在监测系统的第一个筛选阶段并不构成 EWS。因此，用于验证来自筛选分析的阳性结果的验证性分析应被整合到EWS 的总体设计中。表 3-2 提供了关于 EWS 的第一阶段 / 第二阶段方法完整的讨论。其他专家担心某些第一阶段技术可能出现误报，这些技术可能对水质的正常波动过度敏感（Wayne Einfeld，Sandia National Laboratory，个人交流）。

表 3-2　使用第一级和第二级监视器的 EWSs 方法范例

第一阶段监测
一种连续监测一般水质参数的系统（例如，供水系统中的浊度、温度、pH、ORP、电导率）有可能为污染事件（蓄意或意外）提供第一步监测。一些但不是所有的污染事件都会导致需要检测的水质参数变化，并足以触发警报。一个蓄意的污染事件可能造成水质参数的变化，从而显示出更具体的指示 / 标记，表明可能存在这样一组污染物。在实验室中，使用密闭供水系统在线水质监测以及已知污染物和污染物混合物的受控尖峰图像，正在生成有关在污染物流入期间水质参数如何响应的数据。然而，一个重要的问题是，在确定读数异常之前，还需要确定水质参数的基准线波动。这个问题是美国国家环境保护局和其他机构目前研究的主要课题。某些波动模式可能与自然变化如风暴事件或某些操作条件有关。在监测系统能够最大限度地检测污染事件之前，特定的饮用水供水系统可能需要大量的每日、季节性和事件相关波动的案例。因此，误报问题是相关公司关注的一个大问题。第 5 部分回顾了涉及推进第一阶段监测能力的具体技术和研究项目。请注意，第一阶段的监测并不局限于传统的水质参数；在未来还可能包括基于生物的监测器。 第二阶段检测确认 　　在常规的第一阶段监测"发出了一个危险信号"后，第二阶段的确认可用于验证检测和 / 或表征特定的污染物。第二阶段确认与第一阶段监测不同，因为第二阶段技术不适合高通量连续采样。对于第一级监测，速度以秒为单位测量，而对于第二级监测，确认速度更适合以分钟为单位测量（10～120 min）。由于第二阶段检测通常不连续运行，设置时间（溶液混合、设备预热）、样品采样时间（获得合适的测试样品的时间）、分析时间都应包括在从初始"危险信号"到第二阶段确认完成的估计时间中。从第二阶段确认中获得的信息更加具体，应有助于在更有针对性的反应方案之间进行选择。快速识别特定的污染物也可能有助于减轻对潜在暴露人群产生不良健康的后果。

注："阶段"是指在同一 EWS 内的检测水平。并没有涉及短期 EWS 设计和长期 EWS 设计目标。

● 另一种方法，可能是一种中间的 EWS 设计，①使用多个水质监测器为污染物提供预警信号，②通过快速的污染物特定监测器进行频繁的采样分析（如砷 / 氰化物），③每周自动采集水样，可以分析同一批次污染物。水样可以通过现场测量进行筛选或用实验室仪器进行分析，这比在线污染物探测器更高效。这种方法的优点是在使用一些现有的成熟技术（例如，用于连续监测的化学监测器、自动采样器和成熟的微生物测试）时监测常规威胁。该方法提供了一些中间级别的 EWS 监控。

● 另一种更先进的 EWS 设计是使用多参数水质监测器和常规复合 / 抓取采样，并结合从客户投诉和公共卫生监测中收集的数据，作为验证测试的触发器。该设计提供了一种机制来识别在污染事件发生过程中可能发生的大规模事件。

无论采用何种方法，合理设计的 EWS 都应包括监测方案的所有其他要素，以通知负责公共卫生保护的政府官员。除了为蓄意污染提供警告外，EWS 可以被设计成整体水安全和保障计划的一部分，通过常规的监测发挥双重作用。其他信息的来源，如客户投诉可指示性地限制在意外污染事件。相关公司可能需要咨询其他有经验的公司，并随时了解最新的研究开发和测试结果。这样的讨论需要成为 EWS 设计的总体方法的一部分。

3.2.4　综合预警系统的详细设计

这个步骤实际上是一系列相互关联的子步骤，因为其中的某一个因素可能会影响系统中另一个因素。例如，决定选择哪种 EWS 检测技术可能取决于需求单位的数量和所在位置。而所选择的报警级别可能会影响 EWS 技术的选择（产品和型号）。因此，所有这些子步骤将一起讨论。

● 选择 EWS 检测技术

一旦确定了 EWS 的目标污染物，并确定了检测目标污染物的浓度范围，就有必要选择一种针对特定的污染物或特定类别的污染物的监测技术。假设当前存在一种满足 EWS 核心需求的监控技术，并且监测技术能够处理复杂的水体环境，这可能需要在采样步骤中从水体中去除干扰物质，以及 / 或减少步骤以增强检测和定量。尽管为了实现这一目的部分实验室已经研发了分离、浓缩和净化微生物和化学物质的技术，但它们并不一定可以转移到可用于现场部署的监测设备上。应对考虑用于 EWS 的技术进行评估，以确保该方法的所有步骤都能正确执行，并能够在没有过度干扰的情况下检测目标污染物。用可接受的方法确定一种可现场部署的技术只是第一步。监测技术的性能也必须足以满足监测程序的数据质量目标。这些数据质量目标应在 EWS 的设计过程中进行定义，包括特异性、灵敏度、准确性、精密度和回收率，以及漏报率和误报率。如果监控技术不能满足数据质量目标，则应选择其他技术。如果无法确定任何满足这些目标的技术，要么就不实施 EWS，要么就需要修改数据质量的目标。如果采取后一种方法，就有必要采用修改使用结果的方式，以符合修订后的数据质量的目标。目前有各种各样的 EWS 检测技术可用（见第 6 部分和第 7 部分）。某些技术可以在线使用，并提供更多的实时监测功能。

- 确定报警级别

设置警报水平的基础取决于之前确定的需要检测污染物的水平（基于人类健康风险）和所采用的 EWS 类型。在部署 EWS 之前，必须建立基于警报所启动的响应机制，特别是可以在线监控的自动化系统都应具有警报功能。操作员应该能够设置警报触发阈值，如果读数超出了已被定义为安全的范围系统会自动触发警报。系统的性能应允许优化警报触发率，以使错误警报最少化，但仍然可以检测识别会造成健康风险的污染事件。如果错误的警报导致决定向公众发出停止用水通知，公众健康和政府公信力都会受到影响。

- 开展病原体和化学品的转化和迁移模型的研究

化学和微生物污染物在水系统迁移时可以有多种表现方式。环境条件、氧化剂或其他处理化学品的物质以及系统的水力特性，都会影响这些污染物的浓度和特性。如果有关于影响污染物转化和迁移的污染物特性的信息，则应将其考虑到 EWS 的设计中。例如，如果已知目标污染物在脱氯的情况下以一定的速率进行化学降解，则可以使用该供水系统的水力/化学模型来预测目标污染物通过该系统的浓度分布。这些信息反过来又可以用于选择传感器的最佳位置。

- 确定传感器的位置和密度

在供水系统中选择传感器放置的位置或地点是一项复杂的任务。EWS 中传感器的位置和密度取决于系统特性、漏洞/威胁评估、使用因素的考虑、风险和成本最小化的结果。因此，最容易放置传感器的站点可能不是能够产生最有用信息的站点。传感器下游的微生物种群大小可能是选择站点的一个合理的标准，但可能不是系统建模的最佳站点。由于供水系统的复杂性和动态特性，开发该系统的水力模型可以为放置传感器地点提供帮助。实时收集的压力和流量数据可用于建立具有良好特征及预测能力的流量模型。确定传感器位置的其他因素可能是隔离阀的位置、关键节点（医院、应急中心等）的位置和该位置的物理安全措施。即使传感器可以以最佳地点安装在系统内，也可能没有足够的时间来防止一部分公众暴露于受污染的水中。最好的情况是，在供水系统内进行的监测预警可以使人们有足够的时间来限制暴露、隔离受污染的水并启动缓解和补救措施。

- 选择用于数据管理、分析和简化的系统

一个连续的、实时的监控系统面临的挑战之一是对生成的大量数据的管理。使用数据采集软件和中央数据管理中心是至关重要的。这将要求部署在系统中的单个传感器配备发信器、解调器、有线或其他连接手段，将数据采集后传输到管理系统。此外，数据管理系统应该能够执行某种程度的数据分析和趋势分析，以评估是否已经超过阈值的报警级别。使用"智能"系统来评估趋势，并能区分真正的污染信号和干扰，以减小误报的概率。当数据管理系统检测到数据偏移超过报警级别时，对于所采取的行动也必须作出响应。该系统至少应通知运营商、公共卫生机构和 / 或应急响应官员。如果可能，应使用冗余通信（例如通过电话和传真等多种途径通知个人用户）。在某些情况下，可能适当对数据管理系统进行编程以启动初步的响应行动，如关闭阀门或收集额外的样本。然而，这些初步响应应被视为简单的预防措施，最终决策者应对当前结果作出果断的应对行动指令。对在许多不同参数和污染物探测器上收集的数据进行集成分析，使得集成的 EWS 不仅是检测技术和分析的集合。数据验证要求遵循适当的质量保证和质量控制（QA/QC）程序，并为生成的所有数据包含足够的相关文件，这有助于确保数据的完整性。对于不同类型的数据，数据验证方式可能会有所不同，其严格程度取决于对计划数据的利用。数据安全也是系统完整性的重要组成部分。这在数据的传输和信息的分析和存储过程中是至关重要的。从遥感传输到指挥中心的数据不得被篡改或意外退化。因为系统会访问以前获得的数据以匹配模型，所以要使旧数据不被篡改或意外退化也很重要。

- 建立响应沟通链接、通知和决策机制

一个集成的 EWS 还将包括指挥中心运营商与任何被指定为响应决策者

的人员间的网络和通信联系。通信网络应协助将关键信息快速传递给实施响应的政府或相关机构的决策者。响应可能包括相关公司通知外部各方，如公共卫生官员、警察部队或其他紧急反应人员。这些公司可参考当地的条例和法律，以确定何时需要通知外部各方。一般来说，在其他机构得到警告之前，应该被假定为可信威胁。当早期预警监控系统触发警报时，可能会有许多响应。监控设备可以向指挥中心报告数据，指挥中心将信息传递给政府决策者。反过来预警系统响应可以使用相同的安全通信线路在分发系统中采取行动（如关闭隔离阀）。进一步的行动可能包括在供水系统的适当位置监测和对污染物进行取样，以及监测可能表明污染的替代参数（例如，氯气需求的增加，pH 的变化）。EPA 响应协议工具箱（EPA，2003/2004）极大地帮助规划了这部分的响应。在为集成 EWS 制定了这一综合方案后，相关公司应准备制定实施方案，包括购买和安装设备；提供维护和操作程序；并为系统和人员提供培训、测试和演习。

4

数据采集和分析相关的EWS
的特征、污染物通量、传感
器布局、警报、数据安全，
以及通信、响应和决策

本部分的目的是描述与传感器无关的 EWS 的最新特性。这些 EWS 功能包括实时数据采集和分析；污染物流向预测系统；传感器放置；警报管理；安全执行；以及通信、响应和决策。EWS 设计和操作的这些特性，用于解释、使用和报告监测结果的总体计划的一部分（Hasan et al.，2004）。

4.1　实时数据采集和数据分析

4.1.1　基础

针对 EWS 的连续、实时的水质监测系统有可能产生大量的原始数据，如果不使用数据采集和管理系统，这些数据可能无法得到有效管理。水务公司已经收集有关水质的信息并运营他们的饮用水处理厂和供水系统。超过 75% 的水务公司已经运行了诸如氯和浊度等水质参数的在线分析仪。然而，并非所有水务公司都在供水系统中设有监测器。75% 的水务公司只有在饮用水处理厂进行监测（AwwaRF，2002）。水务公司经常使用被称为 SCADA 的监控控制和数据采集系统。SCADA 系统将监测仪器、远程遥测单元、可编程逻辑控制器和主机连接起来，以便将数据收集和处理集成到一个单一的系统范围内的控制中心中（Carlson et al.，2004）。大型水务公司通常在供水系统中使用 SCADA 系统来进行控制。这样的 SCADA 系统通常可以以一种具有成本效益的方式合并来自在线或远程传感器的数据（Mays，2004）；该系统会触发数据收集。远程地点可以使用基于微处理器的"智能"SCADA 系统。尽管"智能"SCADA 系统比基于可编程逻辑控制器的可编程系统更慢、更昂贵，但该系统节省了通信成本、维护。最简单的 SCADA 系统只包括 3 个或 4 个用于监测的输入 / 输出通道（Mays，2004）。已经用于日常水质监测而运行的 SCADA 系统可能无法配置能够服务于所有需要 EWS 探测器的位置（关于传感器的放置详见 4.3 节）。下面描述了用于数据传输、验证和分析的各种方法和系统。

- 数据传输

数据通过有线或无线系统传输到中央数据库。硬线传输系统需要电缆或电线的物理连接，也可以利用同轴或光纤技术。在某些情况下，可能很难用硬线连接到偏远的位置。无线传输可以使用多种方法，包括微波、超高频或甚高频无线电、基于电话的调制解调器、蜂窝电话调制解调器或卫星传输。无线传输可能需要在发射机和接收机之间直接连接，或使用重新发射机（也称为中继器和放大器）（AWWA Workshop，2004）。最便宜的传输系统通常是电话线路或直连线路。只要指挥中心能够实现信息的集成，在整个分发系统中都可以使用数据传输方法的组合。数据传输方法必须与监控设备和数据采集设备兼容。在大多数情况下，相关企业和部门将通过增加现有设备和现有的SCADA系统来扩展监控能力，因此较新的升级需要与现有设备和SCADA兼容（AWWA Workshop，2004）。对于水安全监测的应用，需要评估现有的监测系统对直接物理攻击（如电线切断）和网络攻击（如窃听）的易损性。传输加密或加密数据可以一定程度上降低安全风险，因此硬件和软件应该具有加密能力。传统意义上，相关公司认为不需要加密来自水质监测器的数据，但是监测安全应用程序将需要对数据加密，以减小易损性。

另外，还应考虑需要传输的数据量。影响数据量的因素包括系统中仪器的数量、每个仪器在给定时间范围内产生的数据点的数量（例如，1/秒或1/分钟或1/小时的采样率），以及每个样本的位置。一些监测设备可能产生相对可管理的数据量，而一些设备（如视频信息）可能需要相当大的传输能力的数据。

目前，数据传输能力、计算机数据存储容量和软件足以支持在线监测污染物。水环境工业通常不被认为是一个体量大的市场；因此，在其他领域上类似功能的系统可能会推动水环境工业技术的发展。例如基于模拟信号的SCADA系统需要特殊的驱动器来接收来自数字信号监视器（如粒子计数器）的数据。用于模拟和数字格式之间转换的产品已经上市。预期的未来科技的发展可能会缓解这种担忧（AwwaRF，2002）。

● 数据验证

由于收集了大量的原始数据，通常无法选择手动验证这些传感器数据。因此，自动化的数据验证过程对于确保数据分析结果的准确性是必不可少的。一种简单而有效的提议是将从监测点接收到的数据与存储在传感器位置的数据进行比较，如传统的SCADA系统执行范围性检查和数据过滤，以确保数据的准确性和完整性（Carlson et al.，2004）。其他正在开发的数据验证方法是通过商业的数据挖掘软件进行简单的离群值检测，以及发现空间和时间数据属性（如pH、温度、溶解氧、电导率、浊度、叶绿素）之间的形式相关性

（Mays，2004）。数据验证是整体质量保证计划的一部分，该计划是一个系统的程序，以确定 EWS 的所有方面都符合预期规划。

● 数据分析

一旦获得数据，就可以经过质量评估和验证、聚合、转换和分析（AwwaRF，2002）。数据分析由专门的软件执行，基于规则系统（RBS）或基于案例系统（CBS）的形式可以采用单变量和多变量分析。单变量分析一次针对一个参数，以便关注在水质发生变化时，特定参数或仪器响应的变化。这种对仪器响应的单独监测有助于确定仪器对不同污染物的敏感性，并在考虑潜在的误报时确认其他类似仪器响应的有效性（Carlson et al.，2004）。多元分析同时使用来自所有仪器的输入来检测数据异常。多变量分析的好处是尽可能更快地检测到污染事件，以及了解更多关于检测产生警报的污染物类型的方法。RBS 的特征是 IF-THEN 规则，该规则通过循环规则和对编程调度上的新数据进行轮询来提供实时推理。CBS 的操作原理是将当前测量数据的集合与历史测量的数据库进行比较。当前状态与过去数据的任何偏差都将通知操作员，操作员可以运行预测的 WHAT-IF 模型来评估场景（Carlson et al.，2004）。开发逻辑系统（例如人工神经网络和模糊逻辑）来解释由 EWS 产生的数据，可能是一些 EWS 设计的组成部分。随着仪器收集的信息越来越多，必须开发可靠的系统来解释产生的所有数据。IHTDelft 出版了这样一篇文章，题为"人工神经网络和模糊逻辑在综合水管理中的应用：应用回顾"。[19]

当在线仪器提供数据流，实用工具需要管理并可能用于响应决策时，必须仔细处理和分析数据质量（AwwaRF，2002）。应考虑仪器的性能特征，以便能够确定在线测量数据有效性程度。应考虑到在线数据的聚合和对这些数据的处理，以便能够有效地处理大量的数据。

对于在线数据，可预测的是一定比例的数据将被丢弃或损失，特别是对于远程站点。对于这些情况，数据验证的方法包括间隙填充、范围检查（当数据超出范围时，沿着传感器的整个工作范围检查）、变化率检查（峰值/异常值通常是传感器干扰的结果）和方差检查（检查重复性的小变化）。交叉验证方法探索了在线测量数据之间的联系。这对于具有多参数的探测器特别有价值。高度相关的参数测量可以被编程成一个模型，并用于确定测量的置信度。

EWS 可以生成实时数据，用于快速分析、决策和行动。目前有各种技术来帮助实时报告和决策支持。包括数据过滤、操作索引（操作员通常用计算代表常规操作性能趋势的度量）、使用软件传感器的短期预测，以及减少信息过载的分类和状态描述。预测建模也可用于辅助数据验证（AwwaRF，2002）。

还必须评估短期和长期的数据存储和备份需求。对于某些参数，基线特征可能需要整整一年的数据。数据存储需求将取决于实用程序希望如何使用这些数据。第5部分中讨论的监测器可能具有对一般水质监测和对潜在的安全威胁发出危险信号警报的双重目的。尽管为了确定当前的安全威胁而进行的数据分析可能不需要长期存储数据，但这些数据可能还有其他需要长期存储的二级用途。例如，较旧的数据可以被发布到相关公司的系统建模承包商或研究社区来回答未来的研究问题。预计至少几年的标准最低数据存储时间并非不合理。公用事业公司应考虑制定一项政策，最大限度地提高所收集到的数据的实用性，同时也解决其法律顾问的关切问题，以及数据存储和访问的预算限制。

4.1.2 示范项目、测试和产品

美国国家环境保护局最近进行了一个项目，以评估和演示SCADA系统在供水系统内水传感器实时监测方面的有效性（EPA，2004）。该测试是在Cincinnat的水域中心进行的。在水中心内有两个DSSs，他们的设计和制造用于评估和解释在美国典型的供水基础设施系统中影响水质的动态。并结合国外[20]美国国家环境保护局的信息得出的结论是SCADA系统是处理供水系统中在线传感器数据的关键特征。如果没有集中式的SCADA，分析来自多个传感器的数据过于困难和耗时。如果数据是从不同的传感器分开收集的，那么数据就必须下载并用计算机进行处理和分析。这将无法提供有效的实时警报。

集中式SCADA系统还提供了用于比较分析和测量的时间轴。美国国家环境保护局的报告还讨论了多参数水质监测仪的采样频率。报告建议频率为2~10 min，这取决于SCADA系统获取数据的能力（基于SCADA系统设置和带宽）、传感器的位置和流量。这种采样频率还将帮助水务公司确定水体波动的趋势，以减少误警报。此外，在测试期间，在通过SCADA系统处理4~20 mA信号时出现了一些问题，因此报告建议购买可选择RS232输出的监视器，因为这些输出不受接地回路问题和其他电气干扰的影响。进一步确定的挑战是定期维护和校准传感器的时间表。操作人员对传感器和SCADA

系统的操作经验和专业知识也至关重要。需要注意的是，除了 SCADA 之外，还有其他技术可用于组合和集成数据。

远程监控可应用于饮用水的 EWS。这个操作可以在线监测水质的蓄意污染。美国国家环境保护局几年前进行的一个示范项目检查了对饮用水处理的远程监测。远程监控系统由采样单元和一个相关的数据采集单元组成。SCADA 装置被编程来监测、记录和控制三个地点的水处理设施和供水系统的运行：Washington，DC；McDowell County，WV 和 Cincinnati T&E 设施的供水系统模拟器（DSS-1）。在 Washington 的在线仪器测量了供水系统内各个位置的温度、浊度、pH 和余氯。美国国家环境保护局与 McDowell 公共服务部门在 1998 年合作实施了一项智能 SCADA 项目。智能 SCADA 单元每隔 15 min 观察到压力、氯、浊度和流量的变化趋势。该系统还可被编程以便在满足某些条件时提供警报。该项目表明，远程监测可以成为小型农村供水项目的一种实用选择（AwwaRF，2002）。关于美国国家环境保护局在 Cincinnati 对在线仪器的研究的细节在第 5.2 节和第 5.3 节中讨论。

目前市场上有几种商业产品，可以帮助远程获取和管理传感器数据，以提高水安全性。其中一家公司 PDA Security Solutions（Greer，SC），正在销售 Hydra Remote Monitoring System。该系统从位于整个配水系统的传感设备采集数据，包括趋势分析工具，不断地将实时水质数据与基准曲线进行比较，并通过警报程序提醒操作者和安全人员。生物识别登录和数据加密是该系统的一部分。美国国家环境保护局与 PDA 签订了合作研发协议（CRADA），以开发一个全国性的水质监测项目。根据《联邦技术转让法案》，美国国家环境保护局可以与私营部门组成国家技术保护委员会，以加快各种项目的技术发展。目前，NHSRC 和 NRMRL 正在开发专门为完成国家国土安全倡议的技术标准。[21]

在 2002 年犹他州盐湖城奥运会期间，Hach 公司（Loveland，Co）演示了来自供水系统中十几个连续监测传感器平台的数据的远程传输。数据通过不间断的蜂窝电话数据传输或直接传输到 SCADA 系统。这些数据被 24 小时监控并可以触发警报。[22]

丹麦哥本哈根的一个新兴技术项目正在将来自现有数据源的信息整合到一个公共项目中。在试点项目中，来自实时传感器的数据被提供给一个 SCADA 系统。传感器信息存储在一个数据库中，以便进行分析。将系统的自动检查与基线测量值进行比较。数据通过标准模块进行验证,这些模块将标记潜在的可疑或损坏的数据。该项目始于 2001 年,预计将于 2005 年完成。

其中一个商业供应商 PureSense Environmenta 公司（MoffetField，CA）有一个纯感知系统,其涵盖了从数据采集到警报和通知的全频谱。该系统包括 4 个组件。PureSense™ 是一种远程数据通信设备,该设备使用蜂窝网络和 Wi-Fi 服务来收集监控数据,并向远程传感器发送命令。PureSense iWatch™ 是一个互联网数据管理系统,能够集成不同的数据集,包括来自远程在线传感器的数据。PureSense iServe™ 允许自动分析实时数据,而 PureSense AlertNet™ 则提供自动警报。美国国家环境保护局与纯粹环境公司签订了 CRADA 来测试该系统。

4.2 污染物通量预测系统

从规划阶段开始,针对供水系统的 EWSs 就应该具备预测系统中水体流动和污染物运动的能力。这种预测能力不仅对为潜在的污染事件做好准备十分重要,而且对确定监测系统的有效性也很重要。

污染物通量预测系统用于预测污染物将如何通过水分配系统。这种系统是建立在水文和水质模型技术之上的,即分配系统模型。目前在相关工业中广泛使用。该能力可应用于意外污染事件（如回流污染、交叉连接）或蓄意污染。

水力建模可以追溯到 20 世纪 30 年代,当时伊利诺伊大学的 Hardy Cross 教授开发了一种迭代程序来预测供水系统中的流量和水头（Cross，1936）。这种手工程序在整个水工业中被使用了近 40 年。随着计算机的出现,基于计算机模型的 Hardy Cross 方法和改进的解决方案被开发出来,并在 20 世纪 80 年代得到广泛使用。这些模型已经在水务行业中无处不在,是大多数水务系统设计、总体规划和消防流量分析的组成部分。20 世纪 80 年代和 90 年代,水力分析被扩展到包括在供水系统中模拟水质、水龄和水源追踪的能力。随着公共领域 EPANET 模型（Rossman，2000）和其他基于 Windows 的商业供水系统模型（ASCE，2004）的引入,这些模型的应用性得到了极大的提高。表 4-1 提供了当前配水系统建模软件的示例。

为了应用水力 / 水质模型来可靠地预测污染物在供水系统中的运动,需要一个经过校准的、具备扩展周期的模拟（EPS）模型。EPS 模型表示需求和运行的正常时间变化。这种模型可用于规划目的，作为易损性研究和应急响应计划的一部分，并作为实际污染事件期间的实时监测工具。尽管地理信息系统（GIS）正在帮助水务公司进行这一努力，但是将管网纳入建模框架仍是一项巨大挑战。

表 4-1 供水系统建模软件实例

网络建模软件	公司	URL
AQUIS	Seven Technologies	http://www.7t.dk/company/default.asp
EPANET	U. S. EPA	http://www.epa.gov/ORD/NRM RL/wswrd/epanet.html
InfoWater/H2ONET/H2OMAP	MWH Soft	http://www.mwhsoft.com
InfoWorks WS	Wallingford Software	http://www.wallingfordsoftware.com/
MikeNet	DHI，Boss International	http://www.dhisoftware.com/mikenet/
Pipe2000	University of Kentucky	http://www.kypipe.com/
PipelineNet	SAIC，TSWG	http://www.tswg.gov/tswg/ip/PipelineNetTB.htm
SynerGEE Water	Advantica	http://www.advantica.biz/
CAD/WaterGEMS	Haestad Methods	http://www.haestad.com

4.2.1 最先进的系统和当前的研发

供水系统建模和污染物流量预测系统的开发都非常迅速。这项工作由政府机构、ASCE 和 AwwaRF 等专业组织以及私营公司赞助。预测建模在欧洲比在美国更广泛地集成到公共水项目中。污染流量预测模型开发的最新进展和目前一些活跃的研究领域包括：

● 模型建立与 GIS 和计算机辅助制图（CAD）软件的集成一直是一个活跃的研究和开发领域。GIS 和 CAD 最初被用于帮助建立供水系统模型。目前的研究和开发旨在将供水系统模型完全集成到 GIS 或 CAD 平台中，以促进建模、显示和评估。管道网是 EPANET 和 ArcViewGIS 的集成，以及 WaterGEMS 和水质信息等商业集成包，提供了评估污染事件影响的直接能力。EPA 的其他成果是扩大 EPANET 以考虑多种相互作用的技术，能更好地让水文学家和生物学家参与进来（DSRC Meeting，2004）。

● 模型的校准涉及对模型参数的调整，从而使模型反映所观察到的现场情况。基于遗传算法和其他数学方法的校准水力模型优化技术最近已成为许多商业模型的一部分（Walski et al.，2003）。这一领域正在继续进行研究以扩大这些工具的使用范围并延长周期模拟校准和水质参数的校准。校准领域的另一个发展方向是在供水系统中使用示踪剂研究。将一种保守的示踪物质，如将氯化钠注入供水系统，并使用在线电导率进行监测。所得到的数据集可用于校准和验证水力模型。虽然目前在美国还没有确定的校准标准，但仍存在静态和动态校准方法（EPA，2005）。此外，AWWA 的一个委员会确实提出了一套可能的校准准则（ECAC，1999）。这些准则尚未被正式接受，目前还没有有效的法律审查流程来推荐。利用这些可能的校准准则作为催化剂或起点，建议继续制定可接受的校准准则或标准。

● 现有的正在应用的建模软件，目前正在开发基于建模的高级工具，以帮助评估供水系统对污染物事件的易损性。Carlson 等（2004）通过创建三个关于污染物通过供水系统运动轨迹的案例研究，演示了现有水力模型的使用过程。管道网的能力已经通过在实际供水系统中的一系列应用得到了证明（Bahadur et al.，2003a），并已被应用于水系统污染的建模工具。TEVA 是一种概率供水系统模拟模型，美国国家环境保护局正在开发该模型以评估供水系统中的易损性和传感器放置（Murray et al.，2004）位置。Van Bloemen Waanders 等（2003）开发了一种非线性规划方法，用于追踪在一个供水系统中观察到的污染事件，并预测其被引入的位置。

● 最近的研究已经认识到分布系统建模在纯确定性框架中应用这种模型存在不确定性和可变性。假设所有参数都是确定已知的，但这并不能提供决策所需的信息。Baxter 和 Lence（2003）提出了一个分析供水性能风险的一般框架。Kretzmann 和 Van Zyl（2004）通过供水系统的随机分析纳入了不确定性。Kretzmann 等（2004b）使用 Monte Carlo 模拟估计污染物暴露时间，同时重建一个意外的污染事件。上述 TEVA 系统包含了一个针对大范围污染传感器分析的概率框架。

● 消耗（需求）是影响供水系统中水和污染物运动的一个重要因素。通常，每月或每季度的仪表读数和近似的日用水模式被用于估计模型中的消耗量。这被认为不足以满足详细的污染物流动模型。目前正在通过需求模型、需求计量和客户信息系统（CIS）的持续研究和开发来解决。Li 和 Buchberger（2004）已经开发并应用了使用泊松矩阵脉冲方法的模型来模拟精细时间尺度的消耗模式。市场上有的计量系统可以在较短的时间尺度上测量客户的用水量，并将信息传输到中心位置。CIS 提供了一种管理消费数据的机制，以便成为分销系统模型提供更好的消耗数据的基础。

- 使用实时供水系统模型是一个发展中的领域，其应用于改进供水系统的操作从而节约能源，并作为对水质污染事件的响应工具（Jentgen et al.，2003）。这是通过将模型与 SCADA 系统集成来实现的，SCADA 系统可以连续和实时地提供关于水系统的运行信息。商业供水系统软件公司和提供 SCADA 系统的公司是这类系统的主要开发者（Fontenot et al.，2003）。

- 水罐和水库已被确定为水系统中特别容易受到蓄意污染的关键点。如果污染物进入、流入罐体导致罐内水体的直接污染，污染物与水箱中的环境水混合的方式以及随后在流出口的排出方式会影响客户接触污染物的方式和时间。各种数学建模技术已经研发出来，以协助预测储罐内的混合情况。这些模型包括详细的计算流体动力学（CFD）模型和概念系统模型（Grayman et al.，2004c）。

- 水质模型最常用来表示保守物质、氯残留物和三卤甲烷情况。目前的研究旨在提高对消毒剂和消毒剂副产品建模的能力并扩大模型，以包括潜在有目的的攻击中引入的细菌和非保守物质（Powell et al.，2004）。对 EPANET 的升级将允许在一个供水系统中同时模拟多个相互作用的化学物质（Uber et al.，2004b）。例如，同时模拟氯和其浓度受氯残留物影响的污染物。

- Incident Commanders Water Modeling Tool（ICWater）[23] 提高了先前开发的河流泄漏建模工具的能力，允许事故管理者快速分析并对引入地表水源的化学和 / 或生物污染物作出反应。ICWater 将允许与现有的事故管理者和应急响应工具进行"即插即用"，如化学生物反应助手、结果评估工具模块、自然危险损失评估方法和美国国家环境保护局应急响应分析仪。

- 流动污染物模型的水力部分仍然在很大程度上是基于 75 年前发展起来的方法和假设。为了充分预测供水系统中水质污染物的状态，可能需要更复杂的水力学进行表示。科学界正开始重新审视一些关于现象的水力表征的基本假设，如弥散、管道混合和流体动力学（Li et al.，2005）。

4.3 传感器放置

在历史上，监视器和传感器一直被放置在供水系统中以满足监管要求。他们的位置是根据易于获取和对有代表性的地点的直观评估来确定的。Lee等（1991）提出了一种基于覆盖范围概念的放置定位监测器的方法，该方法定义为由一组监测器抽样的总需求的百分比。许多研究人员使用其他数学方法进一步解决了这个问题（Kessler et al.，1998）。这些方法虽然被广泛引用，但在实际应用中很少得到应用。然而，在 2001 年 9 月 11 日的事件之后，人们重新开始关注传感器分布，主要是作为检测供水系统蓄意污染的一种机制。

4.3.1 当前的研究和开发

目前传感器放置的许多研究正在应用优化技术，根据确定的目标函数来确定供水系统中监测器的最优位置。Ostfeld 等（2004）提供了对该领域过去工作的回顾，并提出了使用遗传算法求解的数学公式示例。他们的方法找到了一个早期预警检测系统的最佳布局。该系统由一组监测站组成，旨在在一段较长时间的不稳定条件下，通过源、节点或储存罐捕获蓄意污染物。当前的优化技术考虑了浓度高于定义的安全水平的污染水的最大暴露量。Berry 等（2004）采用整数规划优化技术，在水网络的管道或连接处放置有限数量的传感器，以便在检测前尽量减少对公众的预期损害。假设攻击发生在设定好的一天。Watson 等（2004）使用了混合整数线性规划模型处理一系列设计目标上的传感器放置问题。通过两个案例研究表明，相对于一个设计目标（如暴露人群）的最优解决方案相对于其他设计目标（如检测时间）通常是高度优先的。这意味着传感器放置问题的稳定算法必须同时考虑多个不同的设计目标。Uber 等（2004a）描述了一种使用"贪婪启发式"算法来解决传感器位置问题的迭代数值求解方法。

一般来说，上述优化方法仅适用于假设或小型水系统的实验方法，并基于对监测技术的可用性、定义明确目标函数的能力以及水系统操作可变性的有限条件纳入的假设。在这项技术准备好进行常规使用之前，还需要进一步的研究、开发和实际应用。

研究和开发供水系统中定位监测器的放置方法，可能同时发展可有效地放置在供水系统中的监测器。虽然大多数引用的研究与用于检测蓄意污染事件的监测器有关，但关于传感器位置的相关研究工作可能将在未来继续进行，以支持未来的水环境相关的法律法规。例如，美国国家环境保护局即将发布的第二阶段消毒剂和消毒副产品规则的初始分配系统评估（IDSE）组成部分需要对供水系统进行额外的常规监测。同样，对现有的总大肠菌群规则（TCR）的重新评估也将侧重于抽样要求。AwwaRF 赞助的一项研究刚刚开始，即评估和改善饮用水分配系统水质采样方法，将部分关注概率框架中的传感器位置（见附录 D，项目 #3017）。

Sandia National Laboratories（SNL）正在进行项目，通过开发新算法来识别和量化污染物对水系统的威胁，从而确定传感器的最佳放置位置。该项目的另一个目的是确定实时污染源的位置。该研究团队已经实施了评估任何节点的微生物种群密度以及在一天中如何变化。根据与美国国家环境保护局的跨部门协议，SNL 正计划开发一套新的基于数学的工具来设计一个 EWS。以应对对超大型网络的可伸缩性和输入参数中的不确定性或者其他问题（DSRC Meeting，2004）。

美国国家环境保护局的 TEVA 项目正在开发软件和工具来检查系统的漏洞，并帮助设计响应策略。TEVA 开发了一种指示传感器位置的模型。TEVA 正在开发的程序将其模型与其他具有不同传感器放置目标的模型进行比较，例如最快警报或可能被错过的最小化攻击数量（系统覆盖范围，而不是基于所服务的人口数量）。TEVA 模型使用了一种统计方法，通过模拟数千个场景（不同的污染物注入位置），计算整个模拟集的平均影响。比较分析应在 2005 年完成。

美国国家科学基金会正在进行一项名为"环境传感器网络的位置和运行以促进有关饮用水质量和安全的政策"的项目。该项目的目标是针对多种潜在的化学和生物威胁开发饮用水质量模型。这个模型还应该提高传感器采集网络的时空分辨率。[24]

在线传感器通常使用特殊的样本采样口进行安装，需要中断通过管道的水流。正在开发的新型安装技术，可以在不中断水流或需要大量挖掘下进行安装传感器，同时还能够适应不同位置的严酷环境（AwwaRF，2002）。

4.3.2 最先进的系统

有了复杂的模型，Bahadur 等（2003b）率先采用了一种使用管道网的技术，用 GIS 数据和水力模型提供结果指导手动放置监视器，以满足某些特定要求。在对一家水务公司的案例研究中，确定了 25 个潜在的监测地点，并随后利用地理信息系统 / 管网框架将其减少到两个最佳地点。与目前处于研究和开发阶段的优化技术相比，这种方法与传统的监测器定位方法的关系更为密切。由于预算和技术上的限制，许多水务公司在面临一个共同的情况——公司希望在其现有的供水系统内的传感器上进行适度的初始投资，并希望选择最合适的位置。不诉诸前面描述的复杂的实验优化技术，通常遵循两阶段的程序。在第一阶段，根据可用传感器的技术限制来确定传感器的可能位置。目前大多数传感器需要一个外部电源，一个较为安全的地点并且易于维护，保护性元件，通信访问基站。这些约束通常会导致传感器位置存在局限性。在第二阶段，如果传感器被放置在该位置，则将根据提供的"信息内容"来评估潜在的站点。这通常意味着在整个系统中将传感器放置在为大多数客户服务的更大管道上。这个过程可以由了解供水系统的操作人员非正式地完成，也可以更正式地使用水力模型来识别高流量管道。实际上，这一程序模仿了密歇根大学 Deininger 教授（Lee et al.，1991）开发的方法，该概念被定义为由一组监测器抽样的总需求的百分比。

4.4 警报管理系统

警报管理系统包括两个一般性领域：①为警报触发器建立参数。②减少错误警报。在数据分析阶段，将新的数据点与基线数据值进行比较。基线应包括由于季节性水质波动而造成的所有潜在变化，并包括典型的水体变化（Carlson et al.，2004）。可能有必要将多达一年的数据纳入基线，以充分捕捉这些变化。基线还必须区分单个数据和多个数据流（一个物理 / 化学参数和多个参数），但所需的基线数据量将根据所使用的技术和数据的统计方差而有所不同（AWWAWorkshop，2004）。新数据与基线比较中的任何异常都会向操作员触发警报。例如，Hach 公司（Loveland，CO）已经开发了一种触发算法，当水中的条件偏离预期的基准线参数值时，就可以创建警报。由于公共项目所监测的开放水体受自然影响波动较大，所以人们总是担心误报警。

警报管理系统通常依赖严格的数据验证协议或专门的软件来减少误警报。Purese 环境公司（如 MoffetField，CA）创建了一个软件产品，以减少标准水质传感器中的误报和漏报读数。美国国家环境保护局与 Purese 环境公司签订了对 CRADA[25] 系统进行测试的协议，以确定该软件是否能减少水网中 EWSs 中的假信号。PureSense 系统目前在公共供水系统和美国军队中使用。

4.5 集成供水系统建模和数据采集系统相结合

以下系统包括集成供水系统建模和数据采集，以支持 EWS 的目标。

MIKENET-SCADA 联合了 EPA 建模软件和 SCADA 系统，努力优化系统性能以识别和响应报警条件。系统的在线模块对测量的数据和计算的数据进行实时比较，对于离线模块自动采集数据进行预处理，同时进行在系统的任何监测点的压力 / 流量计算。模型结果被存储回 SCADA 数据库中，在线查看详细的模型结果（Fontenot et al.，2003）。此外，在线模块具有自动数据验证程序，其中所有测量值都可以通过标准模块自动检查和验证。这些模块将标记有问题的数据，如果可能的话，还将填补时间序列中的空白。这确保了只有经过验证的数据才能被传输并作为战略模型的边界条件，减少产生误警报的可能性（Fontenot，2003）。

MIKENET-SCADA 的离线模块模拟 IF-THEN 场景，使用需求和控制规则来预测系统行为排除建模系统故障。该模块使用微软的访问权限来存储和维护模型的替代方案。将 MIKENET-SCADA 的在线和离线结果耦合起来，使操作者能够快速检测到水质异常，并帮助分析能够纠正水质异常或将其影响最小化的方法（Fontenot，2003）。

Clarion Sensing Systems（Indianapolis，IN）Sentina™ 是一个远程计算平台，其特点是在监测点进行数据逻辑处理，并与各种形式的无线和有线数据传输兼容。该系统将传感器数据集成到单个显示器中，通过互联网、局域网或本地终端显示信息。这些数据以具有分析和历史数据存储能力的网页格式呈现。每个监测站点都有自己的互联网协议地址，并提供自己的网页以允许特定的站点监测远程配置站点的水质概况。Sentina™ 系统可以集成到现有的系统中，如 SCADA，其软件与螺旋开发方法兼容，因为可以将新的传感器技术集成到系统中（Martin Harmless，Clarion Sensing Systems，个人交流）。

AQUIS 是一个用于在线和离线实时监测的水网管理系统。该软件由七家科技公司（Denmark）生产，[26] 用于创建有效管理水资源的模型。这些模型使水务公司及部门管理人员能够最大限度地减少运营中断而产生的影响，以保持服务的连续性和质量。该软件还允许管理人员探索应对紧急情况的策略，包括引入污染物，并通过消防或其他激增的需求来提高对系统的管理能力。AQUIS 目前在全球 1 500 个城市投入使用。

AQUIS 提供了一个应急管理软件包，其中有五个模块，旨在确定污染物的进入点，确定限制污染物扩散的方法，并确定减轻所有有害影响的方法。这些模块包括用于 GIS 数据管理的模型管理器和用于整个供水系统建模的液压模块。水质模块跟踪整个系统中的化学成分，诊断模块识别污染物的来源，最后清洁模块便于清洁整个供水网络。

4.6　数据安全

企业通过每日、每周和每月提供水体的常规特征。监测数据通常通过 SCADA 进行信息收集，然后进行分析。主要的问题是大多数数据不安全或被 SCADA 加密的数据可能会存在安全漏洞。因此，数据安全以及确保系统的完整性是所有 EWS 的主要问题。目前有许多与 EWS 的设计有关的安全事项需要考虑。固定线路的有线数据传输系统的优点是比无线传输系统更安全，因其更难获得数据拦截所需的物理连接（AWWAWorkshop，2004）。固定线路的有线系统在事故中也可能更加稳定，因为无线网络在某些环境下可能存在问题。许多无线传输系统都依赖于外部网络，这使得很难确保其安全。同样，像 Sentinal[TM] 系统中的那些基于互联网的软件或应用程序也容易受到病毒和黑客的攻击。理想情况下，SCADA 系统应与其他系统隔离，以避免带宽竞争并防止潜在的系统崩溃（Carlson et al.，2004）。

除了安全设计外，供水设施还应制定所有人员都应遵循的安全管理规定，并为 EWSs 开发安全模块。规定应限制数据共享和文件访问的人员，特别是敏感信息，如单个传感器的位置。需了解的数据信息、数据质量和完整性目标构成了这些安全策略的基础（Mays，2004）。

安全模块包括三个保护领域：

- 进行身份验证。用户应采用基于密码的认证机制，以访问传感器数据和文档数据库。

- 交换机访问控制。一个细粒度的访问控制系统能够根据用户的凭据来指定访问控制权限，这些凭据可以通过电子方式进行验证。

- 安全数据传输。使用 SSL（安全套接字层）等协议进行加密通信，有助于确保传感器数据和文档在从传感器到系统以及从系统到用户的传输过程中的机密性和完整性。

4.7 沟通、响应和决策工作的制定

美国国家环境保护局的响应协议工具箱（EPA，2003/2004）为水务公司和响应机构提供了评估、沟通和应对供水系统威胁的指导。管理风险是来自事件指挥系统（ICS），其中水务公司将公共水事业应急响应管理器（WUERM）命名为初始事件指挥者。美国国家环境保护局的指导方针明确概述了风险管理系统，有三个主要的风险级别，"可能""可信"和"确认"。"在每个级别上，都有评估、通知和应对建议。尽管来自许多来源（例如，执法部门外部）的信息可以将风险从一个水平提升到另一个水平，但本研究的重点是 EWSs 提供的水污染信息或随后实验室的分析如何提高判定风险水平。

存在"可能的"风险，异常的水质数据与建立的基础数据显著不同。这些信息可通过多参数水质监测仪提供。应将这些数据与其他监测地点进行比较，以确定水源水质的变化是否可能是造成产生异常数据的原因。这种可能的分类会通过实用程序获得提示，反应可能包括确定地点和启动地点特征，以便快速测试水体和收集样本以及方便送到实验室。其他的响应包括调查不寻常的消费者投诉和咨询外部信息来源。

当在现场收集的额外描述信息以及其他因素证实了威胁警告时，就存在"可信的"风险。这一阶段的评估应确定不寻常数据是否与其他水质事件有本质不同，如果不寻常水质表明存在特定污染物，同时不寻常水质是否聚集在特定地区。"可信"的威胁会提供给饮用水首要责任机构、州和地方公共卫生

机构、地方执法部门和联邦调查局（FBI）。在这个阶段，应估计受影响地区并提出适当的应对措施，并有可能采取隔离等手段或者同时实施适当的公共卫生保护措施，并在实验室进一步分析现场样本的特征。

"确认"代表了从可信的污染风险到已确认的污染风险的转变，这表明水体已被污染。通常在这个阶段，污染物的信息是明确的并应该立即通知应急机构以及国家响应中心。在这个阶段，WUERM 不再负责事件指挥，但在帮助其他机构方面仍然发挥着重要作用。一个可能有助于确定"确认"阶段的外部来源是 WCIT，目前正在开发。此时，可以完全启动当地应急行动中心（EOC），以协调或支持有效的响应。在管理州或地方一级的紧急情况，所有参与的组织都可能在现有的事件指挥结构下进行协调。其中一个机构将被指定为领导机构，并将负责事件指挥。公共卫生保护措施根据需要进行修订，可能包括"沸水"通知、"不喝"通知或"不使用"通知，其中包括考虑安排消费、卫生和其他用途的替代供水。

水务公司和公共卫生官员应制定具体标准流程，发出重要通知，并确定每个机构内的关键联系人。这些标准流程将确保在发生与水有关的公共卫生事件时，能够进行有效的沟通，并采取适当的公共卫生应对行动。美国国家环境保护局建议使用水信息共享和分析中心（WaterISAC）进行快速信息交换。[27]WaterISAC 有安全门户和处理信息的协议。WaterISAC 的安全分析师会跟进事件报告。在应对风险时，应考虑三个因素：①风险的可信度。②分析污染事件的潜在后果。③响应行动对消费者的影响。

AwwaRF 与其合作伙伴水环境研究基金会（WERF）正在进行研究，以协助公用事业公司在恐怖袭击等灾难期间进行沟通、应对和做出决策。在一项研究工作中，AwwaRF/WERF 正在开发书面和口头信息声明，供公共机构和民选官员使用，以便在遇到水污染威胁时与公众进行沟通（附录 D，项目 #3046）。声明中还将包括一项行动计划，以提高公众对潜在公共卫生风险的认识，同时能够采取适当的应对措施。另一项研究工作是为配水系统的安全提供一个决策支持系统。这项工作包括科罗拉多州立大学和高级数据挖掘，将为公用事业公司提供关于毒理学攻击的知识库，对网络的影响，以及检测和减轻此类攻击的低成本方法（附录 D，项目 #3086）。包含监测数据的摘要报告可以帮助响应，这类报告正日益以电子格式编写。为了支持污染信息的通信，我们已经开始向关键的响应机构进行基于网络的结果通信（AwwaRF，

2002）。在线监控器之间的数据通信正在成为"基于知识的"管理环境的一部分（Rosen et al.，2003）。此外，为 3 300 多人提供服务的水务公司根据《2002 年公共卫生安全和生物恐怖主义准备和应对法》制订了应急计划。这些计划有助于促进应对危机的反应和决策的制定。

5

多参数水质监测器作为预警系统

正如本报告的其他部分所指出的，在线筛选污染物的第一阶段通常的方法是使用现成的在线传感器，该传感器可以测量监测水质的典型简单物理化学参数（例如，温度、压力、pH 值、电导率、氯残留量）。第二阶段是分析确认污染物。表 3-2 提供了关于 EWS 的第一阶段 / 第二阶段方法更完整的讨论。持续测量水质基本参数的技术已经在商业上取得成功，并且已被水务公司广泛使用了一段时间，并被用于过程控制和确保相关法规的遵从性。这些技术快速且相对容易通过远程来访问获取实时数据并可从不同供应商手中获得设备。供应商已经开发了一种传感面板，可以监测多个水质参数。这种传感器最基本的应用是检测水质物理和 / 或化学变化，这可以用来证明污染物是意外或蓄意添加到水体中的。其目标是使用多参数水质监测器来提供在线早期预警一种未指明的污染物的危险信号。这已被该领域的一些人称为第一阶段的 EWS（Hasan et al.，2004）。

使用常规物理化学传感器的先进应用模型建立多个参数变化的特征模式，这可能用于实际假定地识别污染物。这种特征模式通常被称为污染物特征。这一应用模型目前正处于开发和测试阶段，一些制造商和政府研究小组正在积极进行研究。该模型有利于利用常规的多参数水质监测器（例如本节将描述对状态变化的简单检测）建立一个污染物的特征模型。

5.1 各种多参数水质监测器的说明

典型的成品饮用水多参数水质传感器具有以下类型的水质监测方法：
- 用于氯的比色法和膜电极法
- 用于温度的热敏电阻
- 用于 DO 的膜电极或光学传感器
- ORP 的电位测量法
- 用于 pH 的玻璃电极法
- 特定电导的电导池法
- Cl^-、NO_3^- 和 NH_4^+ 的离子选择电极

除了通过单个传感器对单个参数进行基本筛选外，一些供应商现在还提供由几个传统水质传感器组成的预组装设备包。以下是水质传感器多参数平台应用示例。所有这些都被认为是可用的技术除了 STIP-Scan，这项技术因废

水而设计的但有可能适用于饮用水。美
国国家环境保护局不支持或建议以下任
何一种技术。以下摘要信息来自公司网
站、宣传资料以及与公司代表的个人
交流。

　　Hach 公司（Loveland，CO）正在
销售 Water Distribution Monitoring Panel。
该面板将已选定的仪器组合成一个预先
配置的系统，以进行更全面的监控。基
本模型包括：

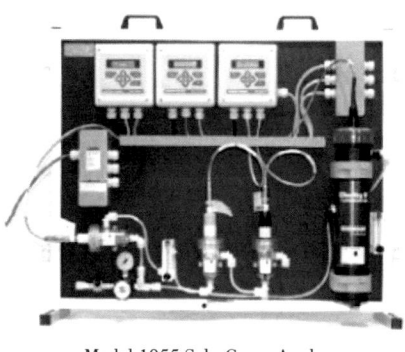

Model 1055 Solu Comp Analyzer
（Emerson Process）

- Hach CL17 Chlorine Analyzer
- Hach 1720D Low Range Turbidimeter
- Hach/GLI pH Controller
- Hach/GLI Oxidation Reduction Potential Controller
- Hach/GLI Conductivity Controller
- GEMS Pressure Sensor

　　扩展模型还包括 Hach Astro UV TOC 分析仪和美国 Sigma900MAX 自动采
样器，当任何参数超过预先指定的设定值时，可以激活自动采样器来收集和留
存样本。Hach Distribution Monitoring Panel 的设计目的是对市政供水系统中一
条支线连续测量 6～7 个物理化学参数，结果可以直接报告给公共项目 SCADA
系统。[28]

Water Distribution
Monitoring Panel（Hach）　　　PipeSonde（Hach）　　　Event Monitor Trigger System
（Hach）

　　除了设计用于连续采取流动水体的系统外，Hach 公司还销售一种直接安
装在配水管道中的多参数探头。Hach Water Distribution Monitoring PipeSonde

In-Pipe Probe 可以通过 2 英寸的止动阀（球阀）安装到任何水管（直径至少 8 in[①]）中，并且设计用于承受高达 300 psi[②] 的水压。Pipe Sonde 可以测量以下参数：压力、温度、电导率、浊度、ORP、溶解氧和氯浓度。一个样品端口可用于连接一个自动进样器和一个 TOC 分析仪。与 Hach Water Distribution Monitoring Pane 的情况一样，管道探头可以设置为直接与水务公司的 SCADA 系统通信相连。Hach Event Monitor Trigger System 允许实时分析来自配水监测面板、管道内探头和在线 TOC 分析仪的数据。当水质偏离基准数据时，就会触发警报。因此，他可以进行配置文件和编编码事件。触发信号和所有参数的测量值都可以从主触摸屏界面上查看[29]（图片经 Hach 公司许可复制）。

Dascore 公司（Jacksonville，FL）正在销售一种名为 Six-Cense[TM] 的多阵列传感器。Six-Cense[TM] 系统像 Hach 的 Pipe Sonde，设计为永久插入到一个供水管路主管中。然而，与 Hach 产品不同的是，该传感器安装在一个 1 in² 的陶瓷芯片上，该陶瓷芯片上镀有金层。通过电化学的方法来完成测量，而不是通过使用试剂。该系统可以连续监测氯、氯胺、溶解氧、pH、ORP、电导率和温度 7 个参数。该系统可以进行远程操作，并将数据报告给相关公司或政府的 SCADA 系统。[30]

Emerson Process Management-Rosemont Analytical（Columbus，OH）正在销售一种用于淡水和淡水供给网络的持续监测系统。模型 WQS 多参数电化学/光学水质量体系（Model 1055 Solu Comp Ⅱ）持续分析低流量（<3 加仑[③]/h）水体并且不使用试剂。通过电化学分析 6 个参数（pH、电导率、ORP、溶解氧、游离氯和氯胺）。两个参数是通过光学方法分析（浊度和颗粒物指数）。颗粒物监测器利用光学激光技术对颗粒物进行计数，并将颗粒物浓度报告为颗粒物指数[31]（图片经 Emerson Process 许可转载）。

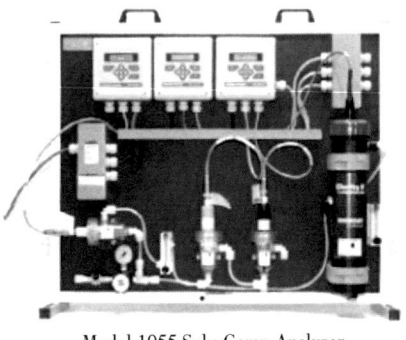

Model 1055 Solu Comp Analyzer
（Emerson Process）

① 1 in = 2.54 cm。
② 1 psi= 6 894.76 Pa。
③ 1 加仑（美加仑）= 3.785 41 L。

YSI Environmental 公司（Yellow Springs，OH）生产用于监测饮用水的 ORP、溶解氧、pH 电导率和温度的标准设备。此外，YSI 系统测量浊度，以及氯离子、氨氮和硝酸盐氮的含量。YSI 公司目前将其技术应用于地表水监测（图片经 YSI Environmental 公司许可复制）。

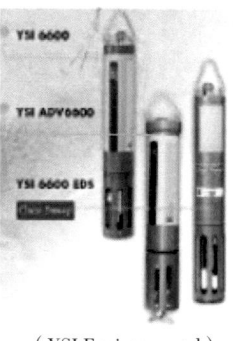

（YSI Environmental）

Analytical Technology 公司（Collegeville，PA）的 Series C15 Water Quality Monitoring 系统允许用户选择需要监控的参数，并将这些系统组件集成到一个适用于连续监测、报警和数据的监控套件中，目前该系统可用于游离氯、化合氯（用于氯胺处理系统）、溶解氧、pH、ORP、电导率和温度。此外，未来还将在系统中添加浊度模块。[32]

Clarion Sensing Systems'（Indianapolis，IN）Sentinal™ 将传感器数据集成到一个可以远程查看（例如，通过互联网）的单个显示器中。Clarion 销售包括传感器在内的完整系统，或者可以集成来自各种制造商的现有传感器。该系统为模块化系统，因此实用工具可以选择监测各种参数，包括氯、pH、温度、流量、压力、电导率、浊度、ORP、溶解氧、辐射、TOC、挥发性有机物和某些化学武器。Sentinal™ 软件与螺旋开发方法兼容，因为可以将新的传感器技术集成到系统中。系统可以使用交流电或太阳能电池板运行，如果电源中断，系统会自动重新启动。数据可以通过局域网或卫星传输（Martin Harmless，Clarion Sensing Systems，personalcommunication）（图像经 Clarion Sensing Systems 许可复制）。[33]

Sentinal™（Clarion Sensing Systems）

来自 STIP Isco GmbH（Germany）的 STIP-Scan 用一个设备分析多个污水参数。虽然被设计用于监测污水，但该设备有可能适用于饮用水供水系统。STIP-Scan 的 UV/ 可见光谱传感器适用于城市和工业废水处理厂，能够同时测量硝酸盐、化学需氧量（COD）、TOC、光谱吸收系数（SAC254）、总固体质量、污泥体积、污泥体积指数和浊度。也可用于河流监测。除了这些参数外，STIP-Scan 还测量了在 190～720 nm 波长光谱内的任何指定范围内的吸收光谱，用于检测其他化合物。不需要样品过滤或制备，但需要在每个周期擦拭清洗测量单元。该控制器配备了模拟输出和一个双向串行接口来传输数据。彩色显示器将显示硝酸盐、COD、TOC 或 SAC254 的连续每日数据图表。数据间隔为 2 min，最多可存储 14 天[34]。

5.2 尝试确定多参数水质监测仪的性能，并建立水质基准线

在开发基于多参数水质监测器的可行的 EWS 的过程中，各种验证步骤正在同时进行。这些工作包括确定多参数水质监测器的性能，以及建立标准的水质基准线，以便发现异常情况。美国国家环境保护局已经进行并正在进行几项测试。在 CRADAs 的框架下已经进行了一些努力。根据《联邦技术转让法案》，美国国家环境保护局可以与私营部门组成国家技术保护委员会，以加快各种项目的技术发展。在形成这些基准准则时，美国国家环境保护局的目标是继续研究污染物的检测和识别、反应和清除以及预防潜在污染和保护供水系统。私营企业以及州和地方政府可以利用 CRADAs 获取联邦实验室设备、人员和服务[35]。

美国国家环境保护局在 Cincinnati 的 T&E 设施进行了研究。这个特定的中心被称为 WATERS。在 WATERS 中心内有多个由 NRMRL 设计和制造的 DSSs，用于评估和了解影响美国和国外典型供水基础设施系统内水质的动态[36]。EPA 的研究人员选择了一个实时在线传感器和仪器平台阵列代表水务公司目前用于监测水质的各项技术。目前正在进行实验，以评估各种 DSS 单元中所选的在线水监测传感器检测由化学、物理和微生物污染物引起的水质变化的能力，及其浓度在供水系统中构成公共风险等级。用于 EPA 水中心研究的水质传感器可分为两组——传统传感器和连续监测器。EPA 正在进行研究，以

评估敏感性、反应速度、检测限度、再现性、误报 / 漏报的可能性，以及所选传感器的其他限制。第 9 部分讨论了这些评价的个别结论。

5.2.1　评估传感器的性能

开发第一阶段 EWS 的一个重要部分是评估是否可以根据传感器的响应来记录供水系统的正常运行。在 WATERS 中心，美国国家环境保护局进行了测试，以了解哪些传感器可以确定基线水质，以及传感器是否发生了漂移。基本结论是，当对传感器进行适当校准和维修时，电导率、TOC 和游离氯监测很少漂移，因此这些传感器是表征水质正常或安全理想的选择（EPA，2004）。

5.2.2　调查水质的基准线

美国地质调查局新泽西地区调查局、美国国家环境保护局和当地水务局根据一项跨机构协议将实施一项研究，在实际的供水系统中实施和测试 EWS。该研究将测试传感器，优化传感器的位置，并开发供水分配系统的基线水质剖面（DSRC Meeting，2004）。AwwaRF 有两个项目，该研究分析在线水质数据，以解决水质参数的正常波动，并开发出将其与污染事件区分开来的方法（附录 D，项目 #3035 和 #3086）。

5.2.3　验证传感器性能

目前正在美国国家环境保护局 WATERS DSS 设施进行另一系列测试，以验证多参数水质监测器对供水系统正常的日常运行能力。该测试是在 EPA 的赞助下通过 ETV 项目进行的。这项工作正在由 Battelle 实验室（Columbus，OH）完成，该实验室通过与 EPA 的合作协议来管理 ETVAMS 中心。在整个测试过程中，供应商代表正在安装、维护和操作他们各自的技术和设备（Ryan James，Battelle，个人交流[37]），与 EPA 合作的 CRADA 将在配水系统中测试 YSI 技术以确定该技术对供水在线监测的适用程度。该项目与下面描述的研究项目是分开的，因为传感器正在验证其作为基本水质监测器的能力，并且该传感器对注入污染物的响应没有经过测试。

5.3 通过 EWS 危险信号及特征信号标记和识别特定的污染物

通过多参数水质监测器提供一个危险信号和使用特征信号识别实际污染物越来越高的浓度水平。历史上，相关公司一直投资于多参数水质监测器，以提高饮用水处理厂和供水系统的日常运行的管理能力。如果这些相同的监视器被证明对检测蓄意污染事件的一个子集有用，那么这些监视器将具有双重目的。如果相同的设备可以用于日常操作和检测蓄意污染所造成的系统扰动，那么这些监测设备对这些公司的价值将会得到提高。评估的进一步细节见第 9 部分。

5.3.1 传感器对污染物的响应

在 WATERS 中心，美国国家环境保护局调查了各种传感器是否可以识别污染物。结论是，某些传感器只能提供污染物类别的一般指示（如无机、有机或产生氯需求的活性物种）（EPA，2004）。

5.3.2 对化学或生物制剂模拟剂的多参数响应

EPA WATERS 中心的另一项研究调查了现成传感器组合对检测注入废水、地下水、化学混合物和个别化学物质引起的变化的反应。该传感器系统可以快速检测由这些污染物引起的水质变化的前景。通过额外的优化，一个传感器系统可以被用作一个 EWS（EPA，2004）。然而，由于污染物检测的测试范围的局限性，需要检查其他类型的污染和情景，以进一步检验这一结论。

5.3.3 特征识别方法

传统物理化学传感器用于安全监测的一种模式是通过解释多个参数变化的特征模式（特征）来假定识别特定的污染物。通常，对这种变化模式的解释是在计算机的数据系统的帮助下完成的。正如在前面描述的通过观察物理化学变化来推断不明污染物的发生的研究一样，必须首先建立一个可靠的参数基准线以解释样本检测结果。此外，当试图通过观察参数值变化的特征模式来实际识别污染物时，也有必要提前描述多个参数的预期变化。表征的标记数据将需要通过以往经验获取。一些制造商正在探索这种标志性的水污染监测方法。Hach（Loveland）的一家公司已经测试了这种标记方法[38]。然而，Hach 和其他人开发的识别污染物或污染物类别的特征识别很难独立验证，因为他们的方法和算法无法向公众公开。此外，美国国家环境保护局、美国地质调查局、美国陆军和其他组织仍在评估用于检测和识别污染物的水质参数的评估，目前尚未实施使用这些水质参数成分的完整 EWS 的现场规模测试。这增加了目前建议使用这些基于水质参数的 EWS 的谨慎性。

5.3.4　进一步测试特征识别概念

为了加速促进多参数水质监测器的开发和使用，作为供水系统集成 EWS 的一部分，EPA 与 Hach 公司签订了 CRADA。Hach 公司目前生产一个实时供水监测面板，由几种不同类型的传感器组成。CRADA 将确定这项技术是否可以适用于对水分配系统的实时监测，以检测杀虫剂、除草剂、工业化学品和废水等污染物。

5.3.5　对实际化学制剂和生物制剂的多参数响应

埃奇伍德化学生物中心（ECBC）正与美国国家环境保护局合作，计划使用实际的 CBR 制剂来测试多参数水质监测仪。

6

在早期预警系统中
检测化学污染物的技术

6.1 分析方法和传感器的一般简介

本部分中介绍了检测化学污染物的相关技术，其中一些技术也能够检测微生物病原体。对于 EWS，第二阶段确认技术主要可以是便携式现场套件或手持式传感器设备。在线和试剂盒分析生物监测仪也包括在内，用于测量对生物有机体的影响，即使这套设备不能识别特定的污染物。在线气相色谱和质谱（GC-MS）也包括在内，虽然可能太昂贵，但当被第一阶段警报（如危险信号）触发时，这些设备的远程识别是具有价值的。试剂盒通常是便携式的台式分析仪，需要移液、混合和反应容器，还可能需要一个阅读器装置来监测分析反应。传感器和检测设备可以基于各种技术平台，其中许多平台在本部分和第 7 部分中描述，可以是手提箱、背包或手持设备。

美国国家环境保护局不认可或推荐以下任何一种技术。以下大部分汇总信息来自公司网站、宣传资料、与公司代表的个人沟通以及一些政府机构来源。

6.2 可用技术

6.2.1 砷检测

为了评估水中砷的存在和浓度，有两种基本类型的技术可用于商业测试，这两种技术已通过 EPA ETV 项目的第三方验证（验证结果见第 9 部分）。这两种技术都用于便携式设备，用于现场快速分析水中的砷。第一种类型涉及一种颜色反应试剂盒，其中水样与一系列试剂混合，在指示剂中产生颜色变化，然后将其与对应于水中砷浓度的标准颜色梯度进行比较。

Industrial Test Systems 公司（RockHill，SC）提供了 5 种 Quick™ 检测反应试剂盒，可以根据使用的试剂盒来识别不同浓度下的砷水平。除此之外，这些产品还可以通过便携式扫描仪进行直观读取。对于这些产品，指示灯条除了可以直观地读取外，还可以用手持仪器或便携式扫描仪和笔记本电脑系统读取。两者的工作原理与色度计相同并可脱离测试试剂盒获得定量结果。所有五个 Quick™ 测试都易于使用，也很容易运输到现场。分析一个样本的时间大约为 15 min。Peters Engineering（Austria）提供了 AS 75 砷检测试剂盒，这是另一种颜色反应试剂盒，也是现场便携式的。通过与颜色图表进行视觉对比，或通过电池操作的 AS75 测试仪，测量试剂片滴入样品后的颜色变化。另一种颜色反应测试试剂盒是 Envitop 公司（Oulu，Finland）提供的 As-Top Water 测试试剂盒。该试剂盒很容易运输到现场，分析需要 35 分钟（EPA-ETV，2004）。

第二种评估砷浓度的测试采用阳极剥离伏安法（ASV），可用于分析各种分析物金属离子。

测量在电化学电池中进行。对工作电极施加还原电位。当电极电位超过溶液中被分析物金属离子的电离电位，即砷的电离电位时，分析物就将被还原在工作电极表面的金属上。然后通过施加的电位将分析物从电极上剥离（如氧化反应）。这个过程释放的电子形成电流，电流被测量并可以绘制成外加点位的函数，从而给出一个"伏安图"。氧化 / 剥离电位处的电流读数为峰值，为了确定分析物浓度，可以测量峰值的高度或面积，并与已知的标准溶液进行比较（EPA-ETV，2004）。

Monitoring Technologies International 公司（Perth，Australia）提供 PDV6000 便携式分析仪，该分析仪使用 ASV 测量水中的砷。对于该设备，样品浓度结果可以通过手持控制器上的数字读出器读取，或者可以使用 VAS 软件的 2.1 版本进行测量。PDV6000 便携式分析仪可以方便地从现场运输到用于分析样品的仓库。仪器的设置和校准大约需要 30 min，每个样品的分析时间约为 5 min。另一个采用 ASV 技术的设备是由 TraceDetect（Seattle，WA 制造的 Nano-Band™ Explorer。该装置有一个三电极单元，结合了一个 Nano-Band™ Explorer 电极与一个参考和辅助电极。样品需要 1 小时准备时间，然后在几秒钟内检测浓度，并使用笔记本电脑上运行的软件实时显示。Nano-Band™ Explorer 为微量金属分析进行了优化，并允许检测一些低至 0.1×10^{-9} 的某些金属。Nano-Band™ Explorer 测量系统包括 Explorer 软件，但不包括笔记本电脑（EPA-ETV，2004）。

6.2.2　氰化物检测

为了评估水中氰化物的存在和浓度，有两种基本类型技术的商业测试正在进行，这两种技术都已经过 EPA 的 ETV 项目的第三方验证（验证结果见

第9部分）。这两种技术都应用于便携式设备，用于现场快速分析水中的氰化物。第一种是便携式色度计，其中一个样品和试剂混合产生一种强度与氰化物浓度成正比的颜色。用光度法测量颜色，以提供样品中氰化物的定量测定（EPA-ETV，2004）。

VVR V-1000 多分析物光度计与 V-3803 氰化物模块和自动填充试剂的 Vacu-vial® ampoules 一起使用，均由 CHEMetrics 公司（Calverton，VA）测试氰化物浓度。ChetricsVVR 使用四节 AA 电池，操作方便，并且易于运输到现场。LaMotte 公司（Chesterton，MD）生产的带有 3660-SC 试剂系统的 1919 SMART 2 色度计也通过 ETV 进行了测试。LaMotte SMART 2 的工作电压为 120V/60Hz，易于使用和运输到现场。一个样本的分析大约需要 22 min。Orbeco Hellige（Farmingdale，NY）生产的 Mini-Analyst Model 942-032 也使用四节 AA 电池。分析一个样本大约需要 18 min。Thermo Orion（Beverly，MA）生产的 AQUAfast® IV AQ4000 色度计可自动识别待测物种，并选择检测方法、波长和反应时间，使用四节 AA 电池，当与 AQ4006 氰化物试剂一起使用时，可以测量氰化物浓度。AQ4000 易于运输到现场，清晰的说明确保了操作的简便性。然而，样本吞吐量大约需要 17 min 完成一个样本（EPA-ETV，2004）。

测量水中氰化物浓度的第二种基本技术类型是在一个设备中发现的，该设备由一个固体传感元件组成，该元件包含一种无机银化合物的混合物，该混合物结合到环氧电极体的尖端。当传感元件与氰化物溶液接触时，银离子从膜表面溶解。传感元件中的银离子移动到表面以取代溶解的离子，建立一个依赖于溶液中氰化物浓度的电位差。在用已知氰化物浓度的溶液进行校准后，这些电位差被转换为浓度，并以毫克每升（mg/L）的数字读数形式显示（EPA-ETV，2004）。

采用这种技术的一种设备是 Thermo Orion 9606 型氰化物电极，采用 290A 型离子选择性电极，可在 9 V 电池上运行。Thermo Orion ISE 很容易被运送到现场，其使用的说明书清晰简洁。每个样品的制备需要 1～2 min，校准需要 15～20 min，每个样品大约需要 5 min 才能进行读数。带有参比电极 R503D 的氰化物电极 CN 501 和 WTW 测量系统（Ft. Myers，FL）提供的离子袋计 340i（WTW ISE）在四节 AA 电池上运行，易于运输和现场使用（EPA-ETV，2004）。

6.2.3 气相色谱

气相色谱可用于分析各种有机化学品，如工业化学品和燃料油的成分。固定相（如氮气）或单独的载气柱（如含氢气的化合物）进行填充。这些柱子盘绕在烤箱里。在最初加热时，线圈周围的化合物被蒸发成一种气体。由于样品化合物对气相和液相的亲和力不同，这些化合物在柱内彼此分离。因此，单个化合物以不同的速度穿过气柱。完全通过柱并到达检测器所需的时间因化合物而异。与已知标准相比，可以分离复杂样品基质的成分，然后对浓度进行量化。对于较小的器件，光刻加工技术用于在硅微芯片上生产和检测系统（微芯片的一般描述见第 6.3.5 节）。GC 只能提供初步识别。为了进行更明确的鉴定，传统的和微加工的气相色谱柱可以与诸如热导检测器（TCD）、表面声波（SAW）检测器、电解电导检测器（ECD）、电子捕获检测器、火焰离子化检测器（FID）、光离子化检测器（PID）和质谱仪等检测器耦合。挥发性有机化合物（VOC）可以从水样中提取有机化合物和浓缩。挥发性化合物最初使用氦气等净化气体从水样中清除，并被吸附到有机树脂捕集器上。这些化合物随后通过闪蒸加热从捕集器中解吸，并进入 GC 柱。多年来，吹扫捕集气相色谱法一直用于监测俄亥俄河和莱茵河等原水的工业泄漏（ILSI，1999）。在某些情况下，每天对抓取的样本进行一次或多次分析。在其他情况下，样本采集已经自动化，并在 24 小时内定期进行。这些装置需要熟练的操作员和定期维护。

inficon 生产的中心仪 CMS500 是一种用于作为 VOCs 分析的连续在线监测系统（East Syracuse，NY），可以自动操作，在无人值守情况下提供实时测量。该系统可以测量浓度，从百万分之一（ppm）到万亿分之一（ppt），并以可编程的时间间隔进行采样和报告结果。Scentograph CMS500 使用改进的 EPA 吹扫和捕集协议（SITURPE）分析水中的挥发性有机物。由于没有泵、阀门或电池暴露在水基质中，因此不需要样品预处理或过滤，甚至可以分析复杂的水样。目前，美国一个中型城市正在其配水系统中使用自动气相色谱仪（INFICON Scentograph CMS500）检测三卤甲烷和其他化学品。

便携式版本的 GC 仪器也可用。INFICON 的 Scentograph CMS200 是上述在线仪器的便携式版本。INFICON 的 HAPSITE®GC/MS 在 15 个不同的国家用于军事和国土安全领域。是背包便携式的，可以由单个士兵操作，并在几分钟内产生效果。[39]Constellation 技术公司（Largo，FL）的 CT-1128 也是一款便携式气相色谱 - 质谱仪，但重 70 lb[①]，安装在一辆卡车的后面[40]。（经 inficon 和 Constellation 技术公司许可复制的图片）。

CT-1128 Portable GC/MS
（Constellation Techology Corporation）

6.2.4 基于酶的检测方法

对胆碱酯酶的抑制作用

Severn Trent 现场酶测试（由宾夕法尼亚州华盛顿堡塞文特伦特服务部门的一个部门分发）用于现场神经毒剂的定性检测。该测试是基于对胆碱酯酶的抑制作用。将膜盘浸透饱和的胆碱酯酶，并浸入水样中 1 min。如果水样中没有农药 / 神经毒剂，膜盘上的胆碱酯酶会水解酯类，从而形成蓝色。如果有足够浓度的农药 / 神经毒剂，细胞膜上的胆碱酯酶就会被抑制，酯类就不会被水解，颜色也没有变化（保持白色）。农药制造商引用的农药检测限为氨基甲酸酯（0.1～5 mg/L）、硫代磷酸盐（0.5～5 mg/L）和有机磷酸盐（1～5 mg/L）。目前还没有关于神经毒剂检测极限的数据。[41]

对辣根过氧化物酶的抑制作用—表明化学发光的降低

一种基于鲁米诺和一种氧化剂在辣根过氧化物酶（HRP）存在下的反应的化学发光检测技术可以用来指示样品中毒素的存在。HRP 介导的反应产生的光由光度计测量。酚类、胺、重金属或与酶相互作用的化合物会减少光的输出并表明被污染。

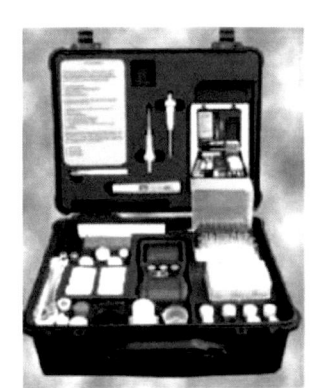

Eclox™ Water Test Kit
（Severn Trent Services）

Eclox™，由 Severn Trent Service 公司（Fort Washington，PA）开发，是一种宽频化学反应发光测试，可以定性地评估水样，以确定各种化学和生物制剂的污染。Eclox™ 便携式套件 / 光度计适用于实验室和现场使用（EPA-ETV，2004，照片来

---

① 　1 lb = 0.453 592 37 kg。

自 ETV 报告 2003/2004)。[42]

Aquanox™，由 Randox 实验室开发的一种基于增强化学发光技术的手持式水质监测仪器。Aquanox™ 提供了包括化学废水处理厂在内的一系列工业应用中的水和废水废物测试的现场分析。[43]

6.2.5　生物传感器

生物传感器利用全生物体或细胞反应方法来识别水中的有毒物质。生物传感器主要测量由毒素和压力引起的生物体的生理或行为的变化。这种类型的生物传感器不能识别特定的毒素，但可以表明水中存在异常情况。总体原理是，有机体可以对所有导致压力的因素做出敏感的反应。与急性效应相关的速效毒素检测最快。然而，作用较慢的毒素或具有慢性影响的毒素，如果这些毒素也没有急性作用就不会被迅速检测到。值得注意的是，所提供的生物传感器对检测人类病原体并不有效，因为病原体通常具有特异性或组织特异性，并且通常是在症状出现之前的潜伏期（通常是几天或几周）之后才能发现疾病症状。

生物传感器已经使用了细菌（原核细胞）和真核细胞，以及水蚤、贻贝、藻类和鱼类等生物体。经过基因改造包含特定响应元件和提示结构（如生物发光）的生物体或细胞可以设计为对特定污染物作出响应。由于生物体对氯和其他水处理化学品敏感，许多生物传感器目前仅限于水源水的应用。如果从样品中充分去除此类化学品，则生物传感器有可能用于供水系统的关键节点。便携式传感器可用于监控抓取的样本。

基于细菌的生物传感器

使用细菌反应的生物传感器有望用于早期预警筛查，因为细菌可以对毒素（生物或化学）快速反应，这是由于接触毒素会导致细菌的新陈代谢被破坏。一些检测技术通过监测生物发光作用的减少作为监测指标。一些细菌具有天然或通过基因工程产生的发光结构，当细胞健康时就会发光。这种细菌的生物发光与呼吸密切相关，因此细胞代谢的变化或细胞结构的破坏会减少发光，这是可以被监测的。生物传感器试剂盒配有冷冻干燥或需特定条件才能激活的生物发光细菌。将重组或培养的细菌暴露于水样中，并将发光与暴露于对照水中的细菌进行比较。生物发光的减少表明存在毒素。其他检测器根据颜色变化或细菌需氧量监测细菌代谢。但是氯、氯胺和铜等物质会干扰这种细菌监测。

目前有几种商业上可用的生物发光细菌监测系统已经被美国国家环境保护局的 ETV 计划验证，[44] 包括 Tox Screen Ⅱ（Check Light，Ltd.）、BioTox™（Hidex Oy）、MicroTox®/DeltaTox®（Strategic Diagnostics Inc.）、ToxTrak™（Hach Company）和 POLYTOX™（InterLab Supply，Ltd.）。下面是对这些技术的简要描述。

ToxScreen-Ⅱ

ToxScreen Ⅱ 快速毒性测试系统由 CheckLight 有限公司（Qiryat Tivon，Israel）开发。这项技术的基础是细菌的代谢如生物发光。本产品使用发光细菌 Photobacterium leiognathi 在特殊的测定条件来检测水样中的毒素。有两种分析缓冲液用于区分 sub-mg/L 的有机污染物和金属毒素浓度。生物发光的变化表明水体的毒性。该系统包括一系列操作步骤，包括样品制备和 90 分钟的症状潜伏期。使用便携

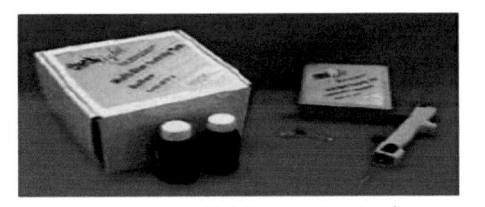

ToxScreen-Ⅱ（Check Light，Ltd.）

Triathler™ Luminometer with Injector （Hidex Oy）

式光度计获取结果，该光度计可与个人计算机集成，用于数据采集、评估和存储。[45] ToxScreen-II test kit 价格为 300 美元，光度计价格为 2 895 美元（右侧为 EPA-ETV，2004，EPA-ETV 照片）。[46]

BioTox™

BioTox™ 快速毒性测试系统由 Hidex Oy（Turku，Finland）开发，其技术基于细菌的代谢如生物发光。该测试使用了发光细菌费氏弧菌（Vibrio fischeri），当它们暴露在有毒化学物质中时，会降低其生物发光的输出。BioTox™ 闪光试验是一种改进的费氏弧菌试验，用于快速筛选水和沉积物样品。检测过程与 BioTox™ 相同，但 BioTox™ 会自动校正颜色/浊度干扰，并能在几秒钟内筛选大部分样本。该系统使用冷冻干燥的 BioTox™ 试剂（整套试剂盒 128 美元）加上 Hidex Oy Triathler™（便携式组合液体闪烁计数器、光度计、伽马计数器，注射器共计 8 900 美元），[47] 测试结果需要 5~30 min。该产品体积小，便于携带，但只能在 110 V 交流电下运行（EPA-ETV，2004，

EPA-ETV 照片，2004 ）。[48]

DeltaTox®

DeltaTox® 由 Strategic Diagnostics Inc（Newark，DE ）开发，是 MicroTox® 的便携式现场应用版本，MicroTox® 是一种基于生物发光显示细菌代谢的实验室测试系统。[49] 两种产品都可以通过测量发光细菌弧菌的光输出来检测多种毒素，在存在毒素的情况下，生物体的新陈代谢和发光输出会减少，这表明样品受到了污染。结果在 5～15 min 内得到。DeltaTox® 是一种自校准光度计，包含光电倍增管、数据收集和还原系统以及软件。该系统售价 5 900 美元，测试套件售价 370 美元。MicroTox® 500 型成本为 17 895 美元，试剂价格为 360 美元。DeltaTox® 缺少 MicroTox® 的温度控制室（EPA-ETV，2004 ）。[50] MicroTox® 和 DeltaTox® 都对氯较为敏感，这使得两种产品难以在供水系统中使用。MicroTox® 的制造商正在开发一种可以去除残余氯的商业在线系统（经 Strategic Diagnostics Inc 许可复制的图像 ）。

Micro Tox® Model 500
（ Stranegic Diagnostics Inc. ）

Deltatox®
（ Strategic Diagnostics Inc. ）

ToxTrak™

ToxTrak™ 快速毒性测试系统由 Hach 公司（Loveland，CO. ）开发，是基于天兰化钠染色的比色测试。这项技术的基础为细菌代谢，并通过颜色变化来指示。该过程使用天兰化钠还原来测量呼吸作用，这是细胞存活的关键途径。天兰化钠是一种氧化还原活性染料，还原后颜色从蓝色变为粉色。会抑制细菌有毒的物质代谢，从而抑制天兰化钠的还原速率。如果染料颜色不变，则试验表明存在有毒物质。必须使用色度计或分光光度计来确定颜色变化（不

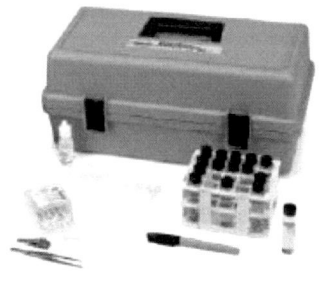

ToxTrak™（Hach ）

包括在试剂盒中）。ToxTrak™ 试剂盒成本为 280 美元，试剂盒成本为 100 美元，分光光度计成本约为 3 950 美元（EPA-ETV，2004，EPA-ETV 照片，2004[51]）。

POLYTOX™

POLYTOX™，由 InterLab Supply™ 有限公司（The Woodlands，TX）利用微生物的呼吸作用来指示水或废水流的毒性，包括化学和生物污染物等。[52] 当在水中活化时，通过监测和测量在 POLYTOX™ 中细菌的混合培养物每升每分钟消耗的氧气毫克（mg）来计算速率吸入氧气和呼出二氧化碳的速率。呼吸频率的变化表明样品

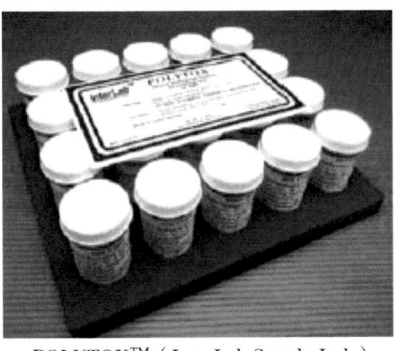

POLYTOX™（InterLab Supply, Ltd.）

中存在毒素。便携式溶解氧探头和测量仪的价格为 1 600 美元，测试套件的价格为 147 美元（EPA-ETV，2004，EPA-ETV 照片）。[53]

microMAX-TOX

上述技术均不适用于供水系统。然而，一个名为 microMAX TOX-Screen 的系统正在适应于供水系统。Tox 系统由 SYSTEM Srl 制造（Italy）并基于一家以色列公司（Check Light，Inc.）开发的测量技术。与 MicroTox® 类似，适用于连续在线模式。具有两个在线分析仪，一个是比色分析仪，另一个是离子选择性分析仪。检测机制使用冷冻干燥的生物发光细菌。其为完全自动化设备，可以激活警报，并以每 30～60 min 进行一次分析（抓取样本）。每隔两周，仪器就会重新配备一套新的液体缓冲液和一种新的含水细菌悬浮液。通过硫代硫酸钠持续去除余氯干扰。预计将于 2005 年上市（Grayman et al.，2003）。

6.2.6　生物传感器

MosselMonitor®

贻贝会因毒素而改变自身行为，比如关闭外壳以减少接触毒素。因此，可以监测贻贝外壳打开和关闭的频率，以表示毒素规避行为。Delta Consult（Netherlands）有一种商用的 MosselMonitor®，可通过应用硫代硫酸盐预处理去除余氯来监测氯化饮用水。但硫代硫酸盐不能去除成品水中使用的所有消毒剂，因此使用氯胺的系统将无法使用该技术。自动食品设备（AFD）用于提供持续

的营养供应。在需要更换贻贝之前，MosselMonitor®可以连续在线运行 2～3 个月。数据显示软件允许在远程位置或互联网上进行近实时的图形显示。只需要 8 个贻贝，因为每个贻贝的行为都是根据其之前的行为进行分析的，然后分析所有 8 个贻贝的组合结果。MosselMonitor® 已应用 5 种不同的双壳类物种（3 种用于淡水，2 种用于海水[54]）。MosselMonitor®已被匈牙利布达佩斯的自来水厂用于监测氯化饮用水。尽管建议每 3 个月更换一次贻贝，但在布达佩斯的装置中，贻贝在需要更换之前存活了 10 个月（Jan de Maat，Delta Consult，个人交流）（经 Delta Consult 许可复制的图像）。

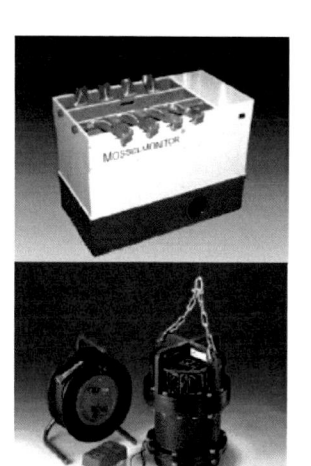
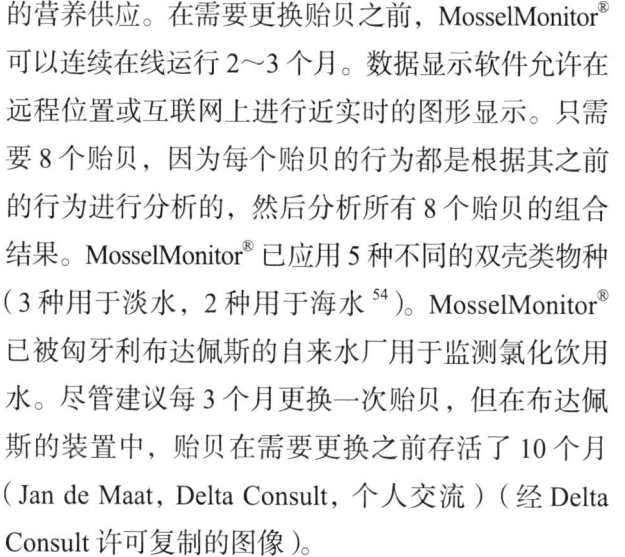

MosselMonitor®
（Delta Consult）

Fish Bio-sensor®

Biological Monitoring 公司（Blacksburg，VA）生产的 Fish Bio-Sensor®，是监测 8～12 条鱼的生物电场，来评估异常行为是否表明存在毒素。[55] 同时进行的自动和连续物理化学监测提高了结果的可靠性。如果指示存在毒素，则会在本地和远程生成警报，以便通知用户。如果需要高级（化学）分析验证，也会自动采集水样。如果供水系统中安装了 Fish Bio-Sensor®，则可以添加脱氯模块。自动进料器将维护间隔缩短到每月一次。Fish Bio-Sensor® 目前安装在新加坡、澳大利亚和南非的供水系统中（Joe Rasnake，Biological Monitoring Inc.，个人交流）（经 Biological Monitoring 许可复制的图像）。

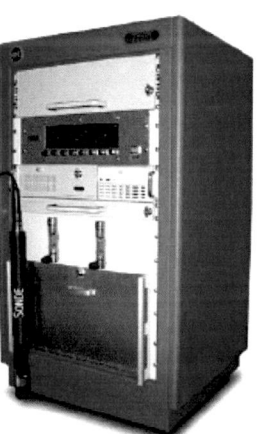

Bio-Sensor®
（Biological Monitoring Inc.）

6.3 潜在的适应性技术

为其他应用而开发的几种技术，如水源水或空气监测，可能适用于供水系统。

6.3.1 基于酶的检测

光合酶复合物（PEC）

由 Lab_Bell 公司（Shawinigan，Canada）开发的 LuminoTox 利用从植物中分离的光合酶或藻类光合活性来检测有毒物质。从植物中分离的光合酶复合物（PEC）通过真空蒸发来稳定储存。使用 PECs 的 LuminoTox 系统可以检测有毒分子，例如除草剂、碳氢化合物、酚类、二价阳离子、多环芳烃（PAHs）和芳烃。与光合藻类一起使用的 LuminoTox 可以对除草剂、有机溶剂（如汽油、碳氢化合物）、氨氮和有机胺进行特定检测。在该公司测试的城市和工业废水中，毒性测量可在 10～15 min 内完成，而通过延长培养时间可提高检测灵敏度。手持式便携式光度计允许系统现场便携。2005 年，该公司推出了一款名为 Robot LuminoTox 的在线版本，可以自动清洁，监测 pH 值和温度，并每 30 min 记录一次毒性测量。数据存储在 Excel 文件中。LuminoTox 通过 Windows 操作，可以通过 SCADA 系统[56]进行处理（经 Lab_Bell 公司许可复制的图像）。

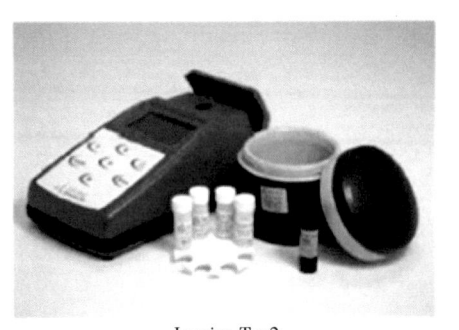

Lumino Tox2
（Lab_Bell Inc.）

来自微生物研究所（Czech Republic）的研究人员已经证明，与丝网印刷电极耦合的光系统 II 复合物可以检测三嗪和苯脲类除草剂。生物传感器可重复使用，DDT、阿特拉津和西马嗪的半衰期为 24 小时，检测限约为 10^{-9} mol/L（Koblizek et al.，2002[57]）。然而，该系统仍处于研究阶段。

亚线粒体颗粒的抑制

Harvard BioScience 公司（Holliston，MA）生产了一种毒性检测试剂盒，名为 MitoScan，这种试剂盒使用从蜂心分离的碎片化线粒体内膜囊泡。亚线粒体颗粒（SMPs，称为"胶束"）包含负责电子传递和氧化磷酸化的酶复合物，这些酶从体内方向反转。SMPs 中的酶产生氢离子梯度，用于二磷酸腺苷生成 ATP，该过程（氧化磷酸化）与体内发生的电子传递耦合。该反应的进展与氧化还原状态成正比，可在 340 nm 处通过分光光度法进行监测。当向 SMPs 中添加特定的抑制剂或毒物时，反应会减慢或受到抑制。来自

MitoScan 试剂盒的 SMP 小瓶需要储存在 -20℃ 下，并可存活长达 4 周。为了延长储存时间，SMPs 应在 -80℃ 下储存。测试试剂盒包括所有必要的试剂和 100 μL 或 500 μL 小瓶中的 SMPs。可以使用单光束分光光度计作为微孔板读取器或手动反应杯格式配置 MitoScan 生物测定。反应杯配有便携式分光光度计，能够在 340 nm 下进行动力学分析，试剂盒可现场携带。结果分析还需要反应杯、样品稀释管、移液器和移液器尖端。MitoScan 测试可以格式化以在 30 min 内提供结果。[58] 该试剂盒尚未经过第三方验证。

6.3.2　基于生物体的生物传感器

有几种生物监测器可用于监测地表水，但目前没有用于净化水分配系统，因为氯对生物体有毒。因此，如果可以去除残留氯，这些装置可能适用于净化水分配系统，类似于 MosselMonitor® 和 Bio Sensor® 所做的工作。

基于水蚤的生物传感器

水蚤是一种自由游动的小生物，对毒素非常敏感。水蚤毒力计由水蚤组成，水蚤装在一个玻璃室中，样品水不断流过。活动行为由闭路电视监控，并通过集成计算机进行分析。水蚤流动速度、高度和转动频率的变化可能表明存在潜在污染物。测量毒素的方法是以喂养含氟的水蚤类食物为基础的，这些食物在被健康的水蚤代谢时会产生荧光。在任何一种识别方法中，设备都需要维护（例如，定期更换水蚤），并且水蚤对温度变化非常敏感。这种方法在欧洲和 2002 年盐湖城奥运会期间被广泛使用。该方法主要用于监测水源水，因为水蚤对成品水中的氯很敏感，因此该方法很难应用于净化水分配系统。

IQ Toxicity Test[TM] 抓取样本的试剂盒由 Aqua Survey, Inc.（Flemington, NJ）开发，用于检测饮用水中的各种化学和生物污染物，包括神经毒剂和生物毒素。[59] 该方法基于存活的多细胞生物的荧光标记和代谢。在有毒素存在的情况下，大型跳蚤的新陈代谢会减少，从而阻碍其正常可见光发射。测试准备工作包括培育和喂养大型水蚤（*Daphnia magna*）一种荧光糖试剂，而测试本身需要 75 min。Aqua Survey, Inc. 已将 IQ Toxicity Test[TM] 打包为一种叫作 Threat Detection Kit[TM]，该公司声称，在低于人类致死阈值 2～20 倍的水平下，可以检测到 9 种不同的毒素。根据 EPA 的 ETV 研究，IQ-Tox[TM] 可以同时检测神经毒剂和生物毒素（EPA-ETV，2004）。然而，测试结果可能表明该试剂盒对氯过于敏感，不适合用于成品水和供水系统。[60]

由 bbe Moldanke（Kiel-Kronshagen，Germany）开发的水蚤毒力计，测量周期为 30 min。通过监测水蚤行为参数、游泳速度、游泳高度、转身和盘旋运动、生长速度和活水蚤数量来评估毒性。允许温度为 0～30℃。维护间隔大于 7 天。[61]

基于藻类的生物传感器

藻类可以通过监测叶绿素荧光来检测有毒化合物的存在。Algae Toximeter（bbe Moldanke）在调节藻类浓度和活性的发酵罐中培养藻类。水样自动注入标准化藻类发酵罐，并监测荧光变化。如果不存在有毒物质，藻类的活性是恒定的。监视器维护最多每 7 天一次。[62] 藻类毒素测定仪尚未适配成品饮用水的使用（图片经 bbe Moldanke 许可复制）。

Algae Toximeter
（bbe moldaenke）

基于鱼类生物传感器

生产水蚤和藻类毒物仪的德国公司（bbe Moldanke）也生产一种鱼类毒物仪和一种鱼类和水蚤组合毒物仪。该系统使用斑马鱼和水蚤，他们都由一个集成的藻类发酵罐喂养。两种毒物计都使用视觉监测来分析行为，以评估生物体的健康状况。测量的参数包括鱼类或水蚤速度、高度、转弯、盘旋运动、生长和活鱼数量。鱼类或水蚤行为参数的变化表明存在毒素。测量周期为 1～30 min，维护间隔大于 7 天 [63]（经 bbe Moldanke 许可复制的图像）。

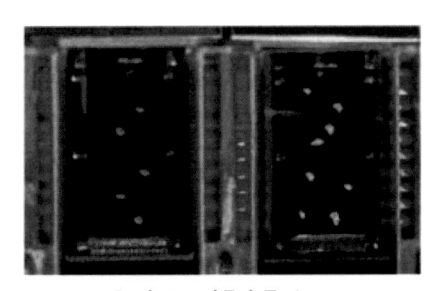

Daphnia and Fish Toximeter
（bbe moldaenke）

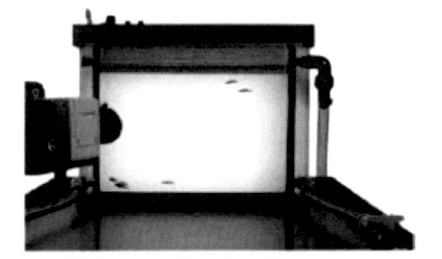

Fish Toximeter Real Time Biomonitoring
（bbe moldaenke）

基于鞭毛藻的生物传感器

因为人类细胞是真核细胞（包含细胞核和细胞器），所以真核细胞反应可能是比细菌细胞反应更好的人类毒性模型。目前商业化的唯一一种与水一起使用的真核细胞生物监测仪是基于 Dinoflagelate 的 Lumitox®。Lumitox®（Lumitox Gulf L.C.，River Ridge，LA）使用生物发光的二氟磷酸盐突变体来检测 ppb 范围内是否存在毒素。这种仪器是便携式的。该公司表示，该仪器不受 pH、浊度和盐度的影响。美国测试与材料协会（ASTM）发布了一份使用 Lumitox® 的指南（ASTM E1924-97）。该仪器可以用于测试海洋和非海洋流体、土壤和化学品（水溶性或脂溶性）。TOX BOX® 测试仪器易于操作，无须计算机。抓取样本筛查可以在 2～4 小时内完成。[64]

6.3.3　红外光谱学

HazMatID™ 是 SensIR Technologies（现已与马里兰州埃奇伍德史密斯检测公司合并）[65]的最新产品，用于识别各种大规模杀伤性武器、有毒工业化学品、麻醉品和爆炸物。这是一个便携式工具，使用傅里叶变换红外（FT-IR）衰减全反射（ATR）光谱对固相或液相分析物进行现场识别。HazMat ID™ 是一个集成的计算机系统，具有无线远程控制功能，可以立即将未知污染物的光谱与已知物质的机载光谱数据

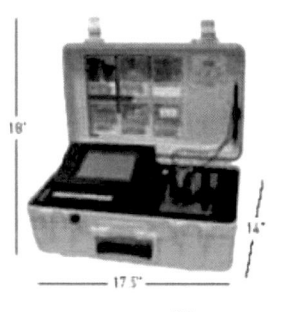

HazMat ID™
（Smiths Detection）

库进行比较。当至少 10% 的样本由蛋白质组成时，其 Bio CheckIR 软件可以提醒用户，表明可能存在生物毒素（Mark Norman，Smiths Detection，个人交流）。样本接口是一个钻石传感器，具有集成视频监控功能，可以在极端天气和温度下运行。由于红外分析仅限于产品含量低于 10% 的水样，SensIR 开发了一种 HazMat ID™ 的辅助产品，叫 ExtractIR™。这种便携式工具可以去除干扰检测结果的非挥发性有机化学物质，通过这种处理，可以识别水中低至 100×10^{-6} 的化学物质水平。ExtractIR™ 可以在高温区域由一名穿着全级别 A 级防护装备的响应者使用，整个过程大约需要 10 min。[66]行李箱装置可在极端温度下运行，并可完全浸入水中进行去污[67]（经史密斯检测公司许可复制的图像）。

6.3.4　X 射线荧光

ITN Energy Systems，Inc.（Littleton，CO.）[68]已获得 EPA 小型企业创新研

究（SBIR）第一阶段奖，有效期为 2005 年 3 月 1 日—8 月 31 日。[69]该项目的最终目标是对 ITN 的 X 射线荧光技术进行改造，为自动预警传感器提供技术支持，用于 10^{-9} 级别的水中有毒金属检测。这项技术已在太阳能电池制造业中得到印证，该传感器可以连续监测水质中极少量的金属，并自动向过程控制提供反馈。该传感器能够同时检测多种金属，包括汞、砷和铅。在第一阶段，将通过传感器检测水中 20×10^{-9} 汞是否会被其他金属、金属的化学状态或有机材料干扰来证明这种方法的可行性。

6.3.5　离子迁移谱

离子迁移谱（IMS）是一种识别和测量挥发性化合物的技术。在半透膜上抽取环境空气或蒸汽样品。较小的挥发性化合物通过膜进入检测池，样品在检测池中被镍 -63 放射源形成的弱等离子体电离。电离的样品分子在电场的影响下在电池中漂移。电子快门栅极允许定期将离子引入漂移管，离子在漂移管中根据电荷、质量和形状分离。较小的离子比较大的离子通过漂移管的速度更快，能够更快到达探测器。来自探测器的放大电流被测量为时间的函数并生成光谱。微处理器评估目标化合物的光谱，并根据峰高确定浓度。[70]国际监测系统用于机场安检点的爆炸物探测设备。[71]有几种用于化学检测的便携式 IMS 传感器，但都是为空气 / 蒸汽样本设计的。[72]下面描述了一个示例。史密斯检测公司生产了一款名为 SABRE 4000 的手持式化学蒸汽探测器，该探测器利用智能"弹药"系统，可在大约 15 s 内检测和识别 40 多种威胁物质（爆炸物、化学战剂、有毒工业化学品或麻醉物质）。预热需要 10 min，包括重量为 7 lb 的 4 小时的电池。[73] SABRE 4000 可用于两种模式，蒸汽模式或直接热解模式。在后一种模式下，SABRE 4000 可以测试液体或固体样本。需要温度控制的倾斜蒸发样品或光纤固相微萃取（SPME）探针来测量水样。IMS 技术可以检测浓度超过 $5 \times 10^{-9} \sim 10 \times 10^{-9}$ 的挥发性有机和无机化合物（分子量<1 000）。该技术可用于检测许多不同的物质，但在当前版本的传感器设备（Rachel Kohn、Smiths Detection、个人交流）中只能保存 40～50 个配置文件（经史密斯检测公司许可复制的图像）。

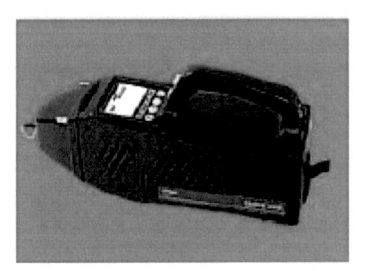

SABRE 4000（Smiths Detection）

6.3.6 便携式化学传感微芯片

并不是所有的便携式传感器都基于微芯片技术，但大部分都基于这种技术。微芯片这个名称来源于组成微芯片的各个组件都是微米尺寸。任何可以小型化到微米级的技术都可以安装在一个坚固的平台上，这就是微芯片技术的基础。小型化是制造小型便携式传感器的关键。当半导体器件（如晶体管和电阻器）被小型化成微处理器的形式时，计算机行业发生了革命性的变化。自20世纪90年代初以来，其他技术已适应微芯片尺寸要求，并且还为微芯片平台发明了在宏观层面上不可行的技术。这种较新的微芯片平台通常被称为"芯片实验室"，因为微芯片生成的数据类型与以前需要台式设备收集的数据相当。"芯片实验室"通常是指可以容纳纳升体积液体以进行多个小规模并行的化学和生物反应的微电解室。微流体技术允许对微量液体（试剂和样品）进行操作，并将其输送至微芯片组件，这是应用水溶液的芯片设计的重要组成部分。[74]

"微阵列"是指具有独特特征区域的微芯片。目前的技术可以在一个微阵列中形成多达10万个独特的区域或元素。阵列中的每个元素都可以被设计成为与不同的样品成分反应或响应的单元。例如，如果微阵列具有识别不同DNA序列的元件，当混合DNA序列的样本被传送到微阵列元件时，只有一个子集的元件会对样本做出响应。芯片读取设备负责检测或"读取"元件的响应信息，例如，芯片传感器可以基于光学、压电、磁性、电化学或测温机制。虽然有许多不同的技术用于读取微芯片，但微芯片设计和微芯片读取器设备还是被设计为单个系统，并且在某些情况下是完全集成的。微芯片可以重复使用，也可能不重复使用。一些公司提供定制设计的微芯片，这意味着他们可以为客户提供想要识别的特定目标整合特定元素的子集。

微型机电系统（MEMS）微芯片具有微型化的机械和电气部件。[75]微悬臂梁和磁弹性传感器就是MEMS的例子。基于MEMS技术的研究和开发是一个涵盖许多潜在应用需求的巨大领域。随着该领域集成电路的发展，其大部分技术都建立在硅晶片上。[76]

生物芯片通常以微阵列的形式出现，是基于使用生物成分的生物反应，例如核酸杂交、抗体反应和酶促反应。生物分子也以微芯片形式用于生物电子应用。生物芯片可以设计用于检测生物分子（DNA、RNA、蛋白质、生物毒素）或非生物化学物质。[77]需要注意的是，"生物芯片"一词指的是芯片的生物学基础，并没有将靶标类别限制为生物靶标。由于酶、DNA 和抗体都能在水环境中工作，所以微流体是生物芯片技术的重要组成部分。

有许多种原型微芯片展示了尚未商业化的概念。商业化的微芯片在研究实验室中十分常见，但是使用支持微芯片的设备，如微流控站和芯片读卡器就需要实验室的支持包括经过培训的人员。尽管微芯片是基因组学领域的一项高度发达的技术，但在医疗设备和环境传感等其他应用领域仍是一项新兴技术。

由于国家纳米技术倡议[78]（NNI，一个旨在协调多机构在纳米科学、工程和技术领域的努力的联邦研发项目）的项目，以及该领域的广泛需求和前景，在不久的将来，基于微纳的技术很可能会对产品开发和商业化做出重大贡献。

6.3.7 微芯片的表面声波（SAW）技术

表面声波技术已经在收发器技术和移动手机技术中使用了几十年。对于化学检测，SAW 传感器可以配置在微阵列中，每个元素都有唯一的涂层。由于与特定挥发性化学物质的相互作用，一部分元素中的质量变化会引起表面声波（振幅约为 10Å，波长为 1～100 μm），压电性材料可以检测到这种声波。传感器中的软件可以识别对特定 VOC 作出响应的元素子集，从而提供各种可检测分析污染物质列表。[79]来自 Microsensor Systems，Inc.（Bowling Green，KY）的 HAZMATCAD™ 在一个手持式便携式化学试剂检测仪中配备了 3 个 250M Hz 的 SAW 传感器。每个传感器都涂有不同的聚合物，这些聚合物提供多模式传感器响应，以指示蒸汽样品中是否存在污染物。[80] HAZMATCAD™可检测和识别微量化学剂，包括神经毒剂和糜烂性毒剂，并可检测光气和氰化氢。HAZMATCAD™Plus 为 SAW 技术添加了电化学传感器，用于额外检测多达 4 类有毒工业化学品，特别是氢化物、卤素、窒息性毒剂和血液性毒剂。根据选择的模式，系统以 20～120 s 的分析周期运行，在"快速模式"下，报警时间小于 60 s。该设备的价格范围为 4 850～7 950 美元，已经通过美国陆军评估[81]（经 Microsensor

HAZMATCAD™
（Microsensor Systems,Inc.）

Systems 公司许可复制图像）。

6.3.8 微芯片化学电阻器

Cyrano™ 现在是 Smiths Detection（Edgewood，MD）[82] 的一部分，已经开发出微型"电子鼻"传感器，该传感器使用的核心材料是沉积在陶瓷基底阵列中的导电聚合物薄膜。传感器阵列的每个单独探测器都采用一种复合材料，由导电石墨均匀混合在非导电聚合物中组成复合材料。这个探测器材料以薄膜形式沉积在氧化铝基板上，该基板横跨两条电线，从而产生导电电阻。该装置的输出为阵列中每个探测器的两根电线之间测得的电阻值。聚合物复合化学电阻器设计用于吸收多种分析物。制造商声称，聚合物复合传感器能够对多种有机化合物、细菌和蒸汽形式的天然产物做出响应。100 种不同分析物的特征可以存储在商用 Cyranose®320 手持设备的存储器中。一款名为 NoSecip™ 的硬币大小的产品正在被用于开发名为 ChemAlert™ 和 ChemBioAlert™ 的未来产品，这些产品将被集成到在线传感器网络中。尽管这些"电子鼻"无法直接测量水样，但如果与蒸发技术一起使用可以用于水样采样（Rachel Kohn，Smiths Detection，个人交流）（图像复制由史密斯检测公司许可）。

Cyranose™320 and NoseChip™
（Smiths Detection）

6.4 新兴技术

上面讨论了生物传感器、IMS 和 SAW 技术（第 6.3 节）用于地表水或蒸汽介质监测的商业产品，这些技术同时也被用于开发下一代传感器，因此它们也可以被认为是一种新兴技术。此外，下文还将讨论被设计为连续传感器的光纤电缆。这些新兴技术由公司、国家实验室和其他研究机构共同开发。

6.4.1 基于生物体的生物传感器

蛤蜊生物传感器

与之前讨论过的 MosselMonitor® 类似，其他研究小组正在研究利用蛤蜊的反应来检测影响蛤蜊行为的水质污染问题。然而，这些方法仅限于水源水监测。北得克萨斯大学，Little Miami，Inc（Milford）和美国国家环境保护局有一个联合项目来开发蛤蜊生物监测系统。每隔 1 min 测量一次 15 只蛤蜊的开合，并与温度、pH 值、电导率和溶解氧一起绘制出曲线。蜂窝模块用于连接到互联网上进行数据中继。该系统安装在迈阿密维尔的小迈阿密河上。[83]该系统尚未在氯化饮用水中进行测试。

生物鱼监测器

作为威斯康星大学的一个研究小组，五大湖水研究所正在开发一种生物传感器系统，利用转基因斑马鱼来监测水的分配系统。斑马鱼是沙林鱼的近亲生物，其胚胎在受精后不久就被注射了污染反应基因。这些转基因鱼被设计用于检测 18 种化学污染物，包括生物战剂对氧磷和对硫磷。这些污染物会触发污染反应元素，然后激活鱼体内荧光素酶的产生。这种酶会使鱼发光，从而发出水中存在毒素的信号。该鱼可以用来重复分析同一地点，因为监测过程不会杀死该鱼。[84]

美国陆军环境健康研究中心（USACEHR）开发了一种基于蓝鳃鱼（*Lepomis macrochirus*）呼吸和身体运动模式的自动监测生物仪。[85]这种监测仪是为了监测处理废水中的毒素，但尚未用于氯化饮用水。

6.4.2　基于真核细胞的生物传感器

有一些新兴的技术将真核细胞或组织结合在生物传感器的微芯片平台上进行分析。本节中描述的 B 细胞、心脏细胞和鱼细胞系统尚未商业化，也没有专门用于饮用水的产品。只要可以解决样品量浓度和消毒剂残留问题，这些新兴技术就可用于饮用水监测。

鱼细胞可以通过色素团（原代细胞）的颜色和运动的变化来检测毒素。这些细胞被储存在一次性的墨盒中，可以通过带有显微镜的摄像机进行监测。这些数据将由计算机对上面描述的变化进行分析。该系统可以在 1～100 min 内显示分析结果，并可以在连续或抓取样本模式下使用（Grayman et al.，2003）。Adlyfe 公司正在开发一个原型系统——SOS 细胞传感器系统（Rockville，MD）。[86]

斯坦福大学的格雷戈里·科瓦奇斯开发了一种基于哺乳动物细胞（心脏细胞）的生物传感器。这些细胞在一次性微电极阵列上培养。通过放电、跳动速率和信号传播速度的变化来检测毒素。该系统正在向着取样式、便携式、手持设备进行分析的方向发展。便携式细胞生物传感器正处于原型阶段。哺乳动物的神经元细胞也已被美国开发为生物传感器。海军科学研究实验所将神经元细胞放入在可移动的细胞盒中，将其放置在监测设备中进行长达两天的持续监测，并通过计算机程序评估电流模式的变化，如平均的峰值率。这个被称为便携式神经元微电极阵列的系统已经在市场上进行销售（Shaffer et al.，2003）。[87]

6.4.3 基于光缆的传感器

作为威斯康星大学的一个研究小组，五大湖水研究所正在开发一种利用光纤电缆的实时供水系统监测器。五大湖水研究所的水安全部门部分由美国国防部高级研究计划局的水收集和水净化项目提供支持。该监视器由一根穿过水管的光缆组成，各种化学受体和荧光基团附着在覆盖光缆的凝胶上。当一种毒素与一种受体结合时，荧光基团或荧光团的特征就会发生改变。通过光缆的激光脉冲检测荧光团的变化并反馈信息给中央监测站进行检测，最后基于激光脉冲的数据生成空间地图。该研究所正在研发在光缆中添加生物和化学受体的技术，以便提供一个更完整的监测系统，因为目前可被检测到的毒素是该系统设计用来检测的特定毒素。[88]

Intelligent Optical Systems 公司（Torrence，CA）的 DICAST® 技术由光缆组成，其玻璃芯涂有可渗透指示剂的掺杂包层，以在整个长度上实现化学敏感性。[89] 光纤的整体长度可以看作一个传感器，而不是光纤在不同的位置设有几个独立的传感器。因此，具有更大的传感区域和更少丢失目标分子的概率。目前 DICAST® 已经被用于在空气中的传感，但通过修改参数后在水中工作。该光纤传感器和其他光纤传感器的应用包括监测水中溶解气体、pH、生物含量和有毒化学品及其副产品，如氰化物（StevenCordero，Intelligent Optical Systems，Inc.，个人交流）。

microDMx™ Chip
（Sionex）

6.4.4 离子迁移率光谱（IMS）

Sionex 公司（Waltham，MA）的 microDMx™ 技术是基于 MEMS 格式的 IMS，其被称为差分迁移率光谱，是因为变化的射频场以之字形拉动离子，从而增加了离子的分离程度[90]。该公司拥有手持式和在线产品的原型机并且正在开发新产品用于空气中挥发性有机物的检测。该公司也正在进行水基质原型调整的研究项目（Joe Santos，Sionex，个人交流）（图像复制与获得Sionex 公司的许可）。

6.4.5　表面声波（SAW）技术

由 Science Applications International Corporation（SAIC；San Diego，CA）开发的 S-CAD，是一种便携式，手持式空气化学剂检测系统。该产品具有IMS 单元和 SA 波传感器的双重检测能力，结合数据融合算法，在不影响检测性能的情况下减少误报率。该系统可以识别和确定不同的化学制剂的浓度，包括神经毒剂、糜烂性毒剂和血液性毒剂。S-CAD 具有收集和存储数据以供未来分析的能力，其模块化设计允许轻松地与核和生物制剂探测器和 / 或其他应用程序特定的传感器集成。[91] 该公司目前正在研究有关适应水样监测的课题（Steven Haupt，SAIC，个人交流）。

桑迪亚国家实验室（SNL）开发了微加工声学化学传感器，用于检测挥发性有机物、爆炸物、非法药物和化学战剂。[92] 这些微型传感器（小至0.5 mm）包含了一个微机械加工的平板波（FPW）装置，作为通用的化学传感平台。[93] FPW 技术利用聚合物薄膜选择性地吸收感兴趣的分析物，并与气体和液体兼容。这些设备类似于表面声波传感器，这是一种非常灵敏的重量探测器，可以涂上薄膜来收集低至 10^{-6} 和 10^{-9} 水平的空气污染物。[94] 微加工声学化学传感器可以在集成微电子硅上制造，以实现传感器功能。虽然这些技术都没有被集成到商业产品中，也没有被设计用于供水系统，但 SNL 认为该技术在原位化学检测应用方面具有很高的潜力。

SNL 还开发了两种便携式化学设备的原型分析系统，叫作 µChemLab，研究人员希望能在 2008 年前合并成完整的系统（µChemLab/CB^{TM}）[95]。气相 µChemLab 使用 GC 通道的组合结合表面波传感器阵列来监测易挥发和半挥发性的空气中有机物。本产品可以在低至 $10 \times 10^{-9} \sim 100 \times 10^{-9}$ 的水平上进行监测，获得分析结果只需要几秒钟。

液相 µChemLab 手持式分析仪利用各种基于芯片的创新技术，如微流体技术、毛细管凝胶和区带

µChemLab^{TM} Liquid Phase
（Sandia National Lab）

电泳柱的结合以及采用小型激光诱导荧光探测器。该探测器可以分析生物毒素和其他无机分子和高分子量的化学污染物。SNL 的科学家们计划进一步开发该系统，使其能够检测病毒和细菌。Nanodetex[96]（前身为 MCL 技术，Albuquerque，NM）是 SNL 的附属公司，授权开发用于化学战剂、药物检测和健康监测的 μChemLab。目前还在进行使气相 μChemLab 适应于水体的应用研究，范围包括三卤甲烷、石油烃污染物、化学战剂及其水解产物的现场自动测量。最终目标是开发一种用于水质检测的低成本、可以快速部署和实时在线监测传感器。这项技术是由能源部的化学和生物非扩散项目资助的，也是国防部联合化学生物制剂水监测项目（Wayne Einfeld，SNL，personal communication）的候选系统。SNL、CH2MHill（Colorado）和 Tenix 投资公司（Australia）签署了一项协议，要求开发一个基于 μChemLab 的在线水监测原型设备，并在 2005 年 6 月之前开始测试。[97]第一阶段的测试将集中于检测蓖麻毒素和肉毒杆菌毒素。该开发团队最终还希望能够解决病毒、细菌和寄生虫的问题（与检测技术相关的 SNL 研究项目摘要见附录 B；照片来自 SNL 网站）。

太平洋西北国家实验室（PNNL；Richland，WA）设计了一种基于 SAW 的传感器系统现场探测的化学战剂。传感器具有化学选择性聚合物涂层，可提供快速、可逆的多组分化学蒸汽分析。化学计量分析用于区分多个蒸汽信号，这是应用数学、统计、图形或符号方法，最大限度地从检测的数据中提取化学信息。该系统与计算机控制和数据采集相集成，并已在现场进行了部署和演示。PNNL 的研究人员还通过在涂层上添加合成的新型氢键有机／无机共聚物来提高传统声表面波传感器的灵敏度。当暴露在神经毒剂模拟剂和有机溶剂中时，传感器在第一次反应指示后的 6 s 内达到 90% 的完全反应。在使用实际神经毒剂的测试中，反应灵敏度比传统的传感聚合物提高了至少 4 倍。PNNL 的新共聚物目前正在用于检测神经毒剂的商业化学传感器。共聚物技术可获得许可。[98]

6.4.6 拉曼光谱

Real-Time Analyzersgoon 公司（East Hartford，CT）[99]最近获得了 EPA 小企业项目创新研究（SBIR）计划第一阶段的奖励（2005 年 3 月 1 日至 8 月 31 日）。该公司为 EPA 提供了一种化学传感器，该传感器可用到供水系统中，以提升 EWS 能力。表面增强拉曼散射（SERS）传感器将通过光纤耦合到中央拉曼分析仪。该项目的目标是开发一种能在 10 min 或更短的时间内，选择性地检测浓度低于 1 mg/L 的几种化学剂水解产物、有毒工业化学品和农药的传感器。

7

在早期预警系统中
检测微生物污染物的技术

7.1 分析方法和传感器简介

目前，微生物培养方法相对较慢，需要 24～48 小时才能得到结果。在传统技术中，鉴定需要目标生物体在培养基中生长。理想情况下，微生物监测方法应该是快速的，在 2 小时或更短的时间内提供结果。本部分提出的方法已经开始满足这些标准。用于生物体的传感器可以针对遗传物质（核酸）、蛋白质或存活细胞的其他成分或活动［如三磷酸腺苷（ATP）］进行检测。大多数用于检测微生物的传感器都是基于生物相互作用的原理，因此传感器技术中包含了生物成分。直接与样本组件相互作用的传感器组件被称为捕获或识别组件。捕获分子可以是 DNA、抗体或其他与样本成分结合或反应的分子。将被检测到的示例组件被称为目标组件。一般来说，目标是指与捕获分子相互作用的实际分子，但在某些情况下，目标是指由目标分子的存在所表示的整个生物体。目标分子的例子是特定的 DNA 序列和抗原。目标分子也可以是化学物质。本部分介绍的一些传感器可以同时检测病原体和化学品，但同时检测化学品并不是该技术的主要应用方向。

传感器的特异性取决于捕获分子与特定目标结合或相互作用的可靠性和牢固程度。捕获分子与目标分子之间的相互作用是通过发光或质量变化等多种机制来检测的。传感器的灵敏度是基于捕获分子和目标分子相互作用的程度，以及在检测到反应之前需要多少分子相互作用。反应动力学（目标分子的结合和释放）要求目标分子相对集中，因此需要采用从更大体积的饮用水中浓缩微生物的方法。在蓄意污染的情况下，可能不需要浓缩样品浓度步骤。上述讨论适用于多种传感器平台，如免疫分析试纸、微芯片和溶液相系统。

美国国家环境保护局不认可或推荐以下任何一种技术。以下摘要信息来自公司网站、宣传资料以及与公司代表的个人交流。

7.2 可用技术

7.2.1 免疫分析

快速免疫分析技术背后的原理是检测抗原—抗体反应。水中的特异性抗原通过靶向特异性蛋白质与相应的抗体结合。当样品中的特定抗原蛋白与相应的抗体结合时，就可以"看到"微生物污染物的存在。自20世纪80年代初以来，免疫分析法已被用于许多研究领域以及临床和安全/质量控制方面。一个熟悉的条状型免疫分析法的例子是家庭妊娠检测。[100] 免疫分析法的经典例子是酶联免疫吸附试验（ELISA）和酶联荧光免疫分析法（ELFA）。免疫吸附剂是指将捕获的分子固定在一个表面如一层膜（Alberts，1994）。捕获的分子可以是抗原或抗体。样本中的目标分子是抗原固定的抗体，抗体固定的抗原。另外还添加了另一种可以识别样本抗原或样本抗体的抗体，称为二抗。二抗被偶联（连接）到一种酶上，该酶形成彩色沉淀物（ELISA）或在底物存在下发光（ELFA）。每个酶分子都起到催化作用，从而放大成功结合相互作用的信号。当该试验包括捕获抗体识别抗原，而抗原识别抗原又被二抗识别时，被称为抗体三明治试验。用于定量分析的ELISA通常在实验室设置中的微量滴定板中进行，可能需要耗时进行移液。然而，这项技术在现场使用的试纸条分析中已经十分先进。在许多免疫问题分析中，与其他微生物的交叉反应，导致了误报率过高是问题之一。这可以通过使用特定的表位靶向单克隆来解决，这些单克隆已被验证与其他潜在样品成分的低交叉反应性。免疫分析方法主要是用于抓取样本，但尚未应用于在线供水监测系统。基本的ELISA和ELFA概念的变化也被纳入微芯片的设计中。

　　免疫分析设计用于通过现场取样筛选空气、食品和水中蓄意的化学或微生物污染，因为该方法可以确定特定的微生物污染物或污染物的存在，并且可以在不到15 min内完成。试纸通常不是定量的，所以结果通常需要用其他方法来确认。

　　剥离试验—横向流动试验

　　侧向流动法是检测抗原的通用技术。[101] 是ELISA的简化版本。测试条是安装在硬（塑料）背衬上的吸收膜，通常包含在塑料磁带中。将液体样品滴入条带的一端，样品沿着条带的长度扩散，通过几条浸渍了高浓度特异性抗体的条纹（狭窄区域），这些抗体用彩色染料或荧光剂标记。当抗原标记的抗体复合物迁移到测试条纹时，颜色的变化或荧光信号表明目标抗原的存在。试验条之外的对照条用作阳性对照，表明试纸条试剂的扩散和功能正常（图7-1）。家庭妊娠检测是横向流动试验。[102] 传统的横向流动分析法产生的颜色变化，可以用肉眼观察到。较新的荧光和磷光报告器需要激发光和/或光检测设备。

商业上可买到的横向流动分析试纸是由 Tetracore（Gaithersburg，MD）公司制造的 Bio Threat Alert®（BTA）（Gaithersburg，MD[103]）。样品放在试纸上，沿着试纸表面生物膜移动。在阳性线上可以看到的红色条带表明存在特定的污染物。以下是目前可用的测试和检测限值，以每毫升菌落形成单位（CFU/mL）表示（经 Tetracore 许可复制的图像）：

炭疽芽孢杆菌（1×10^5 CFU/mL）

鼠疫耶尔森氏菌（2×10^5 CFU/mL）

土拉弗朗西斯氏菌（1.4×10^5 CFU/mL）

肉毒杆菌毒素（10×10^{-9}）

葡萄球菌肠毒素 B（2.5×10^{-9}）

RICIN（50×10^{-6}）

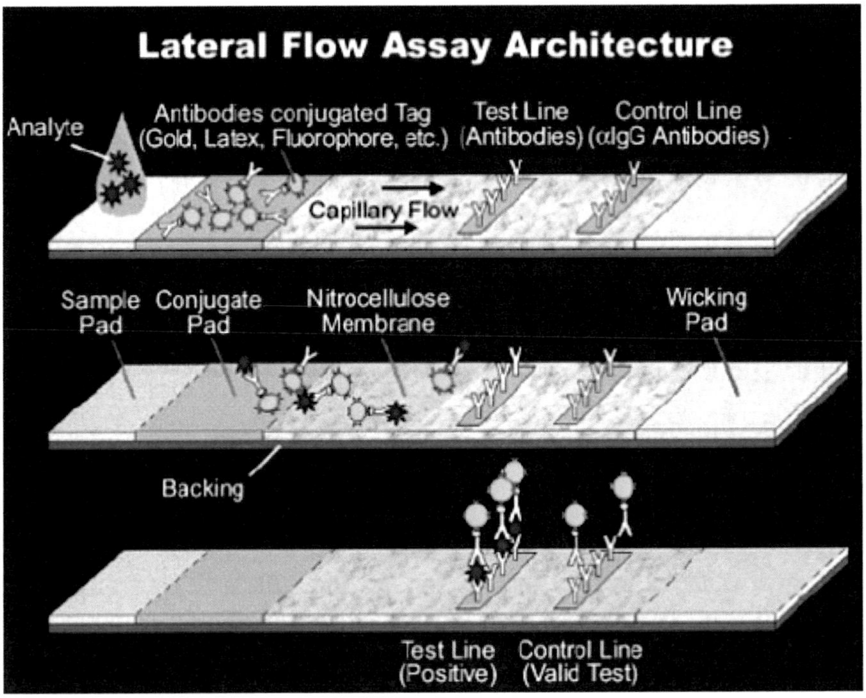

图 7-1　横向流动分析

（图片来源：http://spaceresearch.nasa.gov/general_info/homeplanet.html）

New Horizons Diagnostics 公司（Columbia，MD）SMART™（敏感性膜抗原快速检测）使用类似的方法。通过将示踪剂（黄金）标记的抗体及其相应的靶抗原免疫聚焦到膜上，可实现检测。试纸条上的两条红线表示阳性对照品和阳性样品，测试在 15 min 内完成。SMART™ 试纸目前可用的是与 BTA 相同的包含霍乱弧菌 01。细菌的检测限为 10^5 CFU/mL，对生物毒素的浓度为 50×10^{-9}。[104]

SMART™ 已被纳入 Bio-HAZ™（EAI Corporation，Abingdon，MD）这是一种便携式现场样品收集和分析试剂盒，用于检测生物污染物的存在（ECBC，2002）。该套件主要用于应急响应和取证人员，包含液体、固体和空气采样以及现场生物筛查所需的材料。使用手持设备对样品进行荧光法、发光法、比色法和特异性分析法，以确定现场是否存在生物污染物。该套件坚固耐用，便于现场使用，还包括确保证据完整性的说明[105]（图片经 EAI 公司许可复制）。

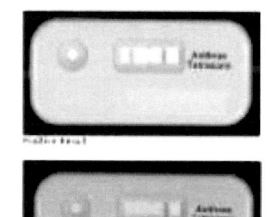

BioThreat Alert®（Tetracore）

Bio-HAZ™（EAI Corporation）

ADVNT（Phoenix，AZ），[106] 免疫分析试纸被称为生物战药物检测设备（BADD），在伊拉克，已经被联合国武器核查人员使用。[107] BADD 试纸是一种独立的定性分析方法，用于筛选环境样本中是否存在炭疽热、肉毒杆菌毒素和蓖麻毒素。在样品转移到 BADD 测试条后，染料标记抗体检测微量的污染物，并显示其有两个条带的存在。15 min 后，以肉眼观察方式读取结果。

RAMP Anthrax Assay 由 Response Biomedical Corporation 公司（Vancouver，Canada）生产，是一种快速免疫层析系统。该系统有一个便携式荧光阅读器，可检测检测炭疽、肉毒毒素、蓖麻毒素和天花。该试剂盒是具有检测线和控制线的横向流动的免疫分析装置。该检测器是附着在荧光珠上的抗原特异性抗体。RAMP 仪器检测附着在捕获分析线上的荧光珠是否存在。[108]RAMP 炭疽试验尚未在饮用水系统中进行测试。

7.2.2 细菌—ATP 的检测

食品和饮料行业中微生物存在的常见指标是 ATP。对 ATP 的测试现在被用于快速检测水中的微生物如冷却塔。根据试剂盒的不同需要少量的水（通常为＜20 mL），测试需要 30 s 到几分钟。游离 ATP 或微生物 ATP 都可以被测量出来。为了测量微生物的 ATP，水样中细胞被裂解，将 ATP 释放到溶液中。为了只检测活细菌细胞中含有的 ATP，必须首先将水样过滤以收集细胞并冲洗掉非细菌 ATP，然后裂解细胞释放 ATP。

在反应溶液中存在一种荧光素酶和一种底物。由荧光素酶催化生成荧光素，分解 ATP 并释放荧光素发出的光子。小型的手持/便携式光度计读取反应发出的光量。光强与样品中 ATP 的浓度直接相关，而 ATP 的浓度又是样品中生物量的一个近似指标。[109]ATP 测试要求用户购买光度计和消耗品（酶、底物和样品容器）。ATP 反应可以用腺苷酸激酶（AK）放大，以测量非常少的细胞数量。[110]微生物中 ATP 的浓度取决于物种、菌株、环境和代谢因素。因此，ATP 只是生物量的一个近似指标。使用添加细菌的水样，可用的试剂盒有较低的检测限，约为 1 000 CFU/mL。由于所有的活细胞都有 ATP，微生物的 ATP 需要从非微生物的 ATP 中分离出来。然而，该试剂盒不能区分细菌的种类。一般来说，单个相对光单位（RLU）读数不足以评估样品中微生物存在的程度。重要的是，常规检测要建立 ATP 结果的基线趋势，随后的 ATP 波动可以表明系统的微生物状态的变化。来自人类使用者的 ATP 也可能是误报读数的来源。市场上有许多公司的产品，下面介绍了一些为水质检测设计产品的公司。其中任何一种产品都没有经过第三方验证。

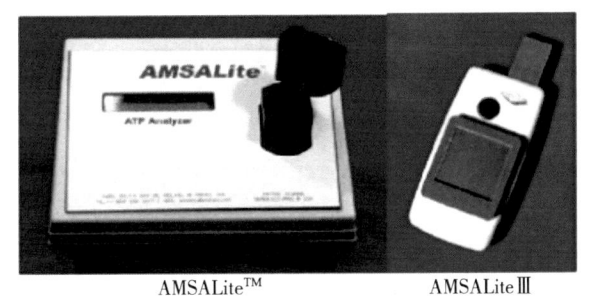

AMSALite™   AMSALite Ⅲ
（Antimicrobial Specialists and Associates Inc.）

一些能够检测到总 ATP 的产品被包括在内，因为这些产品可能用于监测没有 ATP 背景源的高纯水样。AMSALite™（Antimicrobial Specialists and Associatesc 公司，Midland，MI）[111] 针对使用高纯度水的行业，比如印刷业，出售一种专门的 ATP 检测试剂盒。[112] 亮度计售价约为 2 000 美元，其中包括好几个版本的工具包。WatrGiene™（Charm Sciences，Inc.，Lawrence，MA）[113] 测试拭子有一个带有细胞裂解剂的腔室，用于暴露细胞内的 ATP，但不会冲洗细胞外的 ATP（经 AMSA 公司许可复制的图片）。

Bio Trace International（Bridgend，UK）正在销售一种在线连续流量 ATP 检测器 [114] 这可以用来区分背景 ATP 和细菌 ATP。该公司声称拥有"近实时"结果和每秒提供读数的测试能力。

New Horizons Diagnostic Corporation's（Columbia，MD）的 Profile®-1 使用 Filtravette™ 一次性试剂盒系统来去除非由体细胞产生的细菌 ATP（其他来源的非细菌 ATP 和其他干扰化合物）。[115] 这个系统被 Deininger 和 Lee（2001）证明仅用于测量细菌 ATP。Filtravette™ 允许在细菌 ATP 释放到分析溶液中之前，将游离 ATP 冲洗掉（图像复制 New Horizons Diagnostics 股份有限公司许可）。

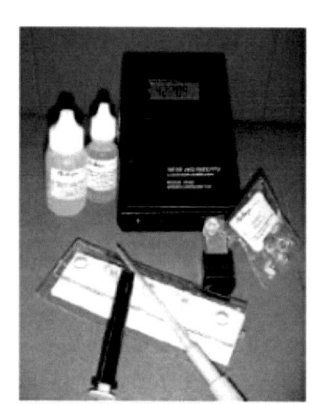

Profile®-1
（New Horizons Diagnostics Inc.）

7.2.3 流式细胞技术和微流式技术

流式细胞技术是一种通用的技术，自 20 世纪 60 年代以来一直用于实验室的细胞分析。最近，流式细胞技术已被用于医学和环境微生物种群的分析。细胞的单分散悬浮液流过一束激光束（或在一些更复杂的仪器中，即多束激光束），该设备测量每个细胞的特性，如大小、粒度、绿色荧光、红色荧光和远红荧光强度。[116] 荧光标记可用于多种一般或特定的细胞成分，如 DNA、RNA、蛋白质（抗原）或其他目标分子。一些微生物可以根据不同的光散射特性来区分。将只对活细胞作用的染色剂加入到样品中，这样流式细胞仪就可以量化活细胞和死细胞的水平。核酸插入染料可用于测定 DNA/RNA 比值和腺嘌呤 – 胸腺嘧啶 / 胞嘧啶 – 鸟嘌呤含量，这有助于进一步表征样品中的细胞状态，在某些情况下可用于鉴定微生物。荧光标记抗体可用于识别气溶胶、水、土壤和食物中的特定生物体。

另外，将特异性抗体附着在荧光微球上，可以在流式细胞多色分析中检测毒素和病毒。可以"看到"和分类单个细胞的技术同样也可以用于分析微粒。

BioDetect（Houston，TX）[117] 的 Microcyte Aqua® 和 Microcyte Field® 是手提箱大小的流式细胞仪，如果与荧光标记结合使用，可以用于现场表征颗粒和识别微生物。Microcyte Aqua® 是针对水中藻类和其他微生物的常规分析。BioDetect 声称该系统所需配置的样品量较小使其适合集成到在线的，连续的水监测系统。该仪器可以区分生物和非生物颗粒，这对于颗粒总数和微生物之间并不总是存在相关性的应用很重要（使用的图像经生物探测器许可）。

Microcyte Aqua®
（BioDetect）

Brightwell Technologies 公司（Ottawa，Canada）[118] 生产了一种自动微流成像仪器，可以起到粒子计数器的作用，但实际上可以捕获水样中粒子的数字图像。样品是从微流控流体细胞中抽取的。每秒采集1张样本的数字图像，并存储成符合用户定义参数的图像。它分析 1 mL 的样品大约需要 5 min。相机可以看到小到 1 μm 的粒子，分辨率为 0.2 μm。分析粒子大小和浓度数据以图形形式呈现。该系统不需要样品制备，可以连续或间歇运行数小时。该公司已经在饮用水和废水处理应用中测试了该系统（图片经 Brightwell Technologies 公司许可复制）。

Micro-Flow Imaging（Brightwell Technologies）

7.2.4　生物微粒监测器－光散射技术

光散射技术是一种简单的扫描程序，提供一定大小的粒子存在的信息。当激光束通过水流时，激光由于水中粒子的存在而成直角散射。光学器件（光电二极管等）收集散射光，以此进行分析以确定在水样中存在的粒子的大小和数量。

对水中颗粒存在的警报是有必要的，这样可以迅速提醒操作人员可能的污染物。然而，该技术无法确定关于粒子特异性的具体信息；此外，这种技术只能检测到一定尺寸范围内的粒子。通常不能区分微小沙砾和有害的微生物。因此，与该技术相关的误报率较高。[119]

在线浊度计是一种利用连续光散射技术测量水的浊度的仪器，在水务行业中应用广泛。浊度计使用加热的钨丝、发光二极管或激光设备，对任何公众需要使用的水体进行浊度监测，并通过测试提醒操作人员过滤器失效或水体有利于细菌生长。[120] 支持浊度计技术的同一技术也可应用于饮用水供水系统的连续在线监测，以筛查蓄意引入病原体的情况。光学技术可以克服传统检测方法的许多缺点，例如传统方法速度缓慢，劳动密集度高，具有高变异性和低回收率等。

AwwaRF 的一个研究项目确定，多角度光散射（MALS）可以区分隐孢子虫和成品饮用水的基质颗粒，其水平足以作为水系污染的早期预警工具。细小隐孢子虫卵囊的鉴定率为 11%～45%，误报率为 0.3%～3%。MALS 系统可以由用户进行调整，用户需了解更高的识别率将伴随着更高的误报率。MALS 还能够区分隐孢子虫卵囊的不同物理状态，包括用臭氧处理、热处理或从未处理的活卵囊中提取的卵囊。该技术利用光学指纹来识别不同类型的卵囊。这一发现对供水系统运营商很重要，因为该技术允许用户确定隐孢子虫卵囊的潜在危害是否已通过缓解措施减少。MALS 的检测限度使其可以作为水污染爆发检测的早期预警工具。对于纯净水预估的检测限（ELOD）在 1 min、10 min、60 min 内分别为 7 个卵囊 /mL、0.7 个卵囊 /mL 和 0.1 个卵囊 /mL。对于成品饮用水样品在 1 min、10 min 和 60 min 内，ELOD 分别为 75 个卵囊 /mL、7.5 个卵囊 /mL 和 1 个卵囊 /mL。通过以上信息研究人员得出结论，MALS 技术在供水系统监测中可以适当进行应用（Quist et al.，2004）[121]。并在圣地亚哥州立大学的 "Shadow Bowl" 上进行了测试，该组织是为了在

2003 年超级碗期间测试新的快速应对措施，以应对潜在的国家安全紧急情况。[122]

AwwaRF 对 MALS 的研究项目已经发展成为商业产品，其被称为 BioSentry™，由 JMAR 技术公司提供（Carlsbad，CA；由 LXT 集团和 Point Source Technologies 公司组成）。BioSentry™ 测试版已经进行了现场测试该产品计划在 2005 年年底进行商业生产。这个系统是由多个激光照明的传感器单元组成并且相互联网，提供连续的、实时的供

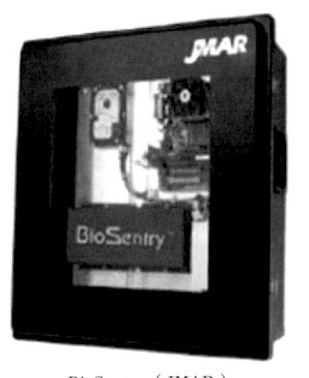

BioSentry（JMAR）

水监控系统。使用 660 nm 波长的激光和电荷耦合装置（CCD）探测器来收集散射光。

该技术应用米氏散射，该散射是从入射光的方向测量的，不依赖于光的特定波长。虽然米氏散射已被用于其他粒子计数技术，但这是首次应用于水质监测。然后，光线被从多个角度收集并通过编译整理信息，这种方式比单点收集呈递更多的关于粒子的信息。位于中心位置的台式电脑利用 LXT 的专有算法分析粒子的形状、大小、折射率和内部结构，以识别污染物。对所有因素的分析有助于减少由单独检查粒径的系统产生的误报。BioSentry™ 也有能力提醒系统操作员存在未知或未识别的污染物（图片经 JMAR 许可复制）。

这项技术目前面临两个主要挑战，一是误报，二是灵敏度水平。使用多个角度收集和复杂算法的光散射技术，将比其前身简单地计算一定大小的粒子能够实现更低的误报率。然而，为了使该系统有效地保护人类免受污染影响，该技术必须足够敏感才能检测出远低于危险水平的微生物，也许 100 L 水只存在一个孢子。JMAR 希望在 2005 年水务公司完成现场测试后，能够更准确地评估 BioSentry™ 的有效性。[123]

Rustek 有限公司（UK）开发了一种多角度激光光散射（MALLS）技术，与模式识别技术相结合，提高了该技术监测微生物污染物的能力。[124] Sheffield Hallam 大学（Sheffield，UK）的计算研究中心正在使用由 Rustek 有限公司申请专利的设备。该技术目前正被用于检测水行业不同种类的细菌，包括水务公司、瓶装水行业和啤酒厂。此外，该技术在医疗领域也有应用。该装置分析光是如何散射，以确定水样中的粒子含量。当激光束投射到样品中时，会被粒子破坏。由此产生的光图像，或者激光束在被粒子破坏后的表现，将在

光束的方向和速度上发生变化。因此，测量光束强度的振幅和频率的波动，以确定样品中微生物的数量。[125]

7.3 潜在的适应性技术

本节介绍可能适用于饮用水和供水系统，但尚未达到完全商业化阶段或经过第三方验证的技术。这些技术最初是针对水源或非水介质（如空气）而开发的。

7.3.1 基于光导纤维技术的生物传感器

RAPTOR™ 是由美国海军研究实验室和 Research International（London，UK）共同开发的便携式、快速、自动荧光测定系统，用于监测生物污染物、毒素、爆炸物和化学污染物。[126] 该仪器集成了光学、流体、电子设备和软件，适用于实验室和现场检测分析。该设备是可以执行用户自定义的多步骤化验方案，用来监测 4 个一次性光波导。

RAPTOR™
（Research International）

传感器表面发生的荧光标记化学反应。Research International 公司的生物传感器系统是基于注塑成型聚苯乙烯波导表面发生的单层受体 - 配体反应。用于识别特定病原体的基线方案被称为"三明治式"荧光免疫分析法。可以检测到小于 1.0 ng/mL 和 100 CFU/mL 水平的毒素和细菌，如蓖麻毒素和炭疽杆菌。根据 Research International 公司的描述，无论是否进行常规培养，RAPTOR™ 都能够实时检测微生物病原体。该便携式装置可以在 7～12 min 内同时处理 4 个分析物样号。正在研发中的手持式型号将能够同时进行 12～16 次化验（Bunk，2002）（图片经 Research International 许可后复制）。

Daniel Lim 的实验室（南佛罗里达大学）参与了 RAPTOR™ 的开发，目前正在将生物阵列传感器原型与过滤 / 浓缩系统结合，用于当地自来水公司饮用水的自动、连续在线监测。过滤 / 浓缩系统使用中空的纤维过滤器，从大量的水中聚集微生物。该系统将进行反冲洗，反冲洗水将被送至生物传感器。预计该生物传感器将识别供水系统中的特定微生物，包括生物战剂，如果它们存在的话（Daniel Lim，南佛罗里达大学，个人对话）。

7.3.2 染料负载微粒技术

Luminex® 公 司（Riverside，CA）的 xMAP® 系统由 5.6 μm 的聚苯乙烯微球颗粒组成，这些颗粒按比例装载红色和红外荧光团，以实现 100 种不同的颜色编码。每个微球可被一个单独的捕获分子所包裹，该分子可以参

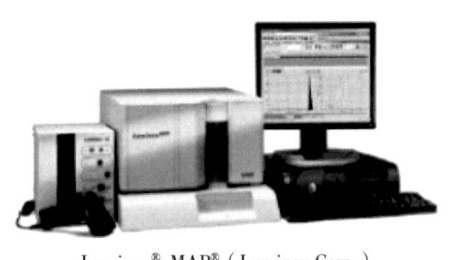

Luminex®xMAP®（Luminex Corp.）

与核酸杂交、抗体识别、受体 - 配体反应或酶反应。其反应时间比标准微阵列快三倍，因为微球在溶液中是三维暴露，几乎满足液相动力，而平面微阵列受到固相动力的限制。微粒通过纵向检测室并进行光学测量。[127]Luminex® 销售用于基因组学和蛋白质组学应用的台式阅读器。来自劳伦斯利弗莫尔国家实验室（LLNL）的研究人员利用 Luminex® 技术开发了自主病原体检测系统（APDS）。该系统具有一个使用顺序注入分析（SIA）技术的自动样品制备模块。APDS 将气溶胶采样与多重微粒免疫分析 - 流式细胞术检测相结合。该系统在超过 5 天的无人看管连续运行中表现良好（Hindson et al.，2004）。[128]（图片经 Luminex 公司许可复制）。

7.3.3 ATP 检测

有几种 ATP 检测系统可用于水质监测。另一种商业上可用的系统也值得注意，这种系统在食品和饮料行业有着悠久的使用历史，可能适用于成品饮用水监测。Celsis-Lumac（Landgraaf，The Netherlands）销售一种细胞 ATP 检测系统 RapiScreen™，可用于测量肉制品和饮料表面的细菌。[129]Hygiena 公司（Camarillo，CA）也销售 Celsis-Lumac 的技术并且已开发出用于 ATP 生物发光检测系统的液体稳定试剂和冻干试剂。[130]

7.3.4 基于细胞的生物传感器

麻省理工学院（MIT）开发的 Cellular Analysis and Notification of Antigen Risk and Yields（CANARY™），被授权给 Innovative Biosensors 公司（College Park，MD），现在被称为 BioFlash™ 系统，这个系统通过转基因 B 细胞表示

针对目标抗原的抗体。当测试样本中存在目标抗原时，通过便携式光度计进行检测可以发现 B 细胞发光（通过绿色荧光蛋白）。液体或固体样品都可以进行测试。液体样品的分析方案有 5 个步骤，总共大约需要 5 min 完成，包括读取的时间。样品制备过程需要去除氯等抑制剂（Hollie Kephart，Innovative Biosensors，Inc.，个人交流）。最初的开发论文介绍其灵敏度可感知 200 CFU 的鼠疫杆菌（20 μL 反应体积）、1 000 CFU 的炭疽杆菌（用 1 mL 提取缓冲液冲洗拭子）和 500 pfu 的痘苗病毒（20 μL 反应体积）（Rider et al.，2003）。必须为每个目标抗原建立单独的细胞系。该系统目前还未经第三方验证。该公司销售的 CANARY™ 在食品测试、动物健康、生物防御和卫生保健方面有广泛的应用，包括药物研发、开发和疾病诊断[131]（图片经 Innovative Biosensors 公司许可复制）。

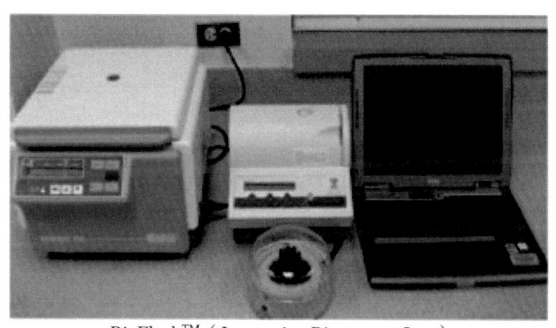

BioFlash™（Innovative Biosensors Inc.）

7.3.5　聚合酶链反应

聚合酶链反应（PCR）是一种分析技术，通过靶向生物体的核酸（DNA/RNA）来检测/识别生物体。PCR 是一种高度发达的分子生物学应用技术。广泛适用于几乎任何需要检测和识别 DNA 的情况。

核酸被大量合成，随后通过各种技术进行鉴定。在安全应用方面，可用于检测和识别生物污染物。PCR 检测过程如下：

- 微生物细胞被破坏以暴露 DNA/RNA。破坏性技术包括使用溶解酶、冻融循环或珠磨法。

- 提取 DNA/RNA 并进行纯化，以去除叶酸等干扰物。

- 加入各种试剂（如 DNA 引物、过量的核苷酸碱基和产生 DNA 的酶）。

- DNA 通过热循环大量合成。DNA 的扩增通过一系列 30～45 个温度周期产生数十亿个拷贝。

- 采用多种方法检测扩增的目标 DNA，包括电泳、荧光基因探针和荧光猝灭曲线。

PCR 是一种灵敏且具有潜力的快速检测方法。可以检测任何含有核酸的生物体，包括病毒、细菌和原生动物。该检测方法具有选择性，可用于筛查所选的污染物，可以使用预制试剂简化流程。然而，该方法不能区分微生物是死的还是活的，还可能受到来自土壤的腐殖酸和黄腐酸等自然干扰的负面影响。因为 PCR 反应也是在小体积下进行的，所以样品需要缩小到微升的体积。目前有几种基于 PCR 的便携式识别设备。

坚固型高级病原体识别设备（RAPID），由爱达荷科技公司开发（Salt Lake City，UT）已被广泛应用于军事领域。[132] 它可以同时筛查八种污染物，采用了密闭系统减少污染，为了便捷使用，所有试剂都是冷冻干燥的。它是一个 PCR 所必需的包含细胞破碎和 DNA 提纯的自动化系统。反应体积为 $10\sim20$ μL。热循环器带有预编程测试和自动数据解析。该设备重 35 lb 可在现场部署，能在 30 min 内分析样品。RAPID 系统能检测的微生物如下所示。核酸检测限（NALOD）在括号内（单位为基因组等效物 [GE] 或斑块形成单位等效物 [pfu-e]；Tuck et al.，2005）：

- 炭疽杆菌（5 GE）
- 布鲁氏菌（$10\sim20$ GE）
- 沙门氏菌
- 鼠疫杆菌（$5\sim40$ GE）
- 土拉弗朗西斯菌（$2.3\sim7$ GE）
- 大肠杆菌 O157：H7
- 单核增生李斯特菌
- 弯曲杆菌
- 肉毒杆菌
- 正痘（$200\sim350$ GE）
- 天花（$40\sim125$ GE）
- 寇热（$5\sim31$ GE）
- 斑疹伤寒（10 GE）
- 鼻疽病（5 GE）

RAPID（JBAIDS）
（Idaho Technologies）

- 埃博拉病毒（260～706 pfu-e）
- 马尔堡病毒（1.9～4 pfu-e）
- 复活节马脑炎病毒（20～5 000 pfu-e）

RAPID 可用于检测水样中的病原体。这套设备售价约 5.5 万美元，单次测试费用为 50 美元。美国国家环境保护局和陆军正在开发检测水体的原型。目前，EPA 的 ETV 项目正在研究该装置的灵敏度，干扰和交叉反应性。[133] 2003 年 9 月，爱达荷科技公司获得联合生物制剂鉴定和诊断系统（JBAIDS）合同[134]。2005 年 3 月，RAPID 公司在得克萨斯州布鲁克斯城空军基地进行了为期两周的测试。

位于新墨西哥科特兰空军基地的空军作战测试和评估中心领导了这次演习，陆军医疗中心提供了培训和技术援助。由一个联合服务数据认证组验证后，操作测试结果将被转发给生化防御联合项目执行办公室作最终批准。如果批准通过，JBAIDS 将在 2005 年 9 月全面生产，国防部将在未来三年分发 450 套系统[135]（图片由爱达荷科技公司授权转载）。

 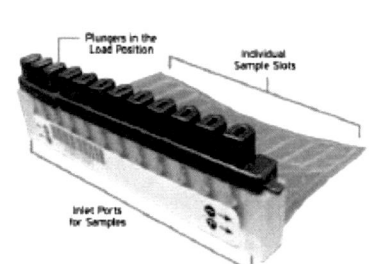

RAZOR   PathFinder™ Pouches

（Idaho Technologies）

爱达荷科技公司最新的便携式 PCR 装置称为剃刀。用于检测不同目标物的预制冻干试剂已经装入 12 个探路者™ 透明柔性塑料反应袋中。试剂级纯水是必需的，但是反应袋的样品口经过设计无须测量体积。将反应袋装入循环装置中大约 30 min 后就能得到结果。这个装置加上电池重 9 lb[136]（图片经爱达荷科技公司授权转载）。

Bio-Seeq™， 由 Smiths Detection（Edgewood, MD）开发并商业化，是一种手持式 PCR 生物探测器。样品制备盒允许在现场采集样品，并在现场进

Bio-Seeq™（Smiths Detection）

行测试。所有用于处理生物、病毒样本所需的试剂、过滤纸和混合化学品都已包含在样品准备盒中，无须移液枪、吸头和样品瓶。该设备有六个检测模块（热循环器 / 光学模块）用于热循环、光读和告警检测。每个模块可以在单个测试中使用两个独立的光通道。有了合适的试剂，这些通道允许用户在同一管中测试正控制目标样品，无须准备单独的正控制对照。该装置有能力在 30 min 检测到 1 CFU（在～28 μL 样品体积），其售价为 25 000 美元 [137]（图片经 Smiths Detection 公司授权转载）。

HANAA（Lawrence Livermore National Lab）

LLNL 已经开发了一种基于实时 PCR 的"手持式核酸分析仪"（HANAA）（TaqMan）。这种特殊的技术已经被授权位于加利福尼亚州森尼维尔的 Cepheid 公司，该公司正在为 USPS 美国邮政署开发生物传感器。HANAA 可以在 10 min 内识别出一种生物（Perkel，2003）。[138] 它要求操作员在准备样品过程中向反应管中加入试剂并选择目标病原体。水环境研究基金会（WERF）使用细小隐孢子虫和大肠杆菌 O157：H7 这两种水传播病原体测验了 HANAA（图片来自 LLNL 网站）。

Cepheid，Inc.（Sunnyvale，VA）Smart Cycler®XC 是一种便携式 PCR，使用了公司专利 I-CORE（集成冷却 / 加热光学反应）模块可以在一个样本同时扩增四个目标。扩增被实时监控，且只需 30 min 即可完成。公司更新的 GeneXpert 系统包括一个弹匣式的样品制备系统，只需要 5 min 就能完成准备。[139] 2001 年，美国疾病控制和预防中心（CDC）开发并验证了配套 SmartCycler® 用于测试生物威胁试剂的试剂盒。在一次生物恐怖主义事件后，Laboratory Response Network（LRN）使用 CDC 验证的试剂盒和 SmartCycler® 在全国范围进行筛查和测试。在 2002 年，Cepheid，Inc. 交付给美国陆军传染病医学研究所（USAMRIID）预制的快速 DNA 检测试剂盒可检测四种生物威胁，即炭疽芽孢杆菌（炭疽）、鼠疫耶尔森菌（鼠疫），土拉热杆菌（兔热病）和肉毒杆菌（肉毒中毒）。在国防部合同内与 USAMRIID 合作开发，该测试结合了 USAMRIID 认定的生物威胁 DNA 序列和 Cepheid 的专有试剂配方以及可延长稳定性且便捷的冻干处理技术。[140] 这种技术正在被应用于美国各地的许多邮局分拣设施中。该系统的灵敏度为<30 个孢子 / 反应在水或缓冲液中，假阳性率目标为<1∶50 万样品（99.999 8%），与最相近的生物无交叉反

应，且不确定的比率<1%。炭疽试验已经通过第三方政府机构的评估验证。2005 年，该公司预计将推出一种可用于炭疽热、兔热病和鼠疫的三联试剂盒以及一个独立的天花试剂盒（Jaymee Rosenberger，Cepheid，个人通信）。对于使用饮用水样本，需要浓缩技术将大体积的样本缩小到合适的体积（图片经 Cepheid，Inc. 授权转载）。

Smart Cycler®　　　　GeneXpert®
（Cepheid，Inc.）

来自 Invitrogen Federal Systems（Frederick，MD）的 PathAlert™ 检测系统，结合了安捷伦科技公司（Palo Alto，CA）[141] 的微流体技术 2100 生物分析仪电泳系统。它是一个基于 PCR 的系统，能够在单剂试验或多剂试验格式下检测生物威胁。现有产品能包括够对炭疽杆菌、鼠疫杆菌、牛痘和土拉氏杆菌的单独化验和单次反应的多靶位化验。此外，一个单反应

PathAlert™
（Invitrogen Federal Systems）

多目标检测法可用于这四种因子。其他水生病菌如大肠杆菌 O157：H7、小隐孢子虫、蓝氏贾第鞭毛虫、沙门氏菌、志贺氏菌等化验方法还在研发中。该产品可以预制或自定义格式，用户可以为一次多目标化验选择 4～6 个目标。PathAlert™ 在 2004 年 6 月作为 EPA 的 ETV 项目一部分进行了测试。在测试过程中，该系统能够克服褐菌素和腐殖酸的环境抑制作用。该系统能够在标准的固定或移动实验室环境中运行（Willem Folkerts，Invitrogen Federal Systems，个人交流）。虽然 PathAlert™ 并不是作为便携式产品销售的，但是因为开发人员特别强调了生物威胁因子且其技术已在美国国家环境保护局的 ETV 项目中进行了测试，还在美国陆军杜格威试验场的技术准备评估（TRA）进行了测试，所以被放进该报告（图片由 Invitrogen 公司授权转载）。

一种基于 DNA 碱基组成和聚合酶链反应的方法叫三角定位鉴定遗传风

险评估（TIGER），其原理已经成功通过验证。TIGER 是由 Isis 制药公司 Ibis Pharmaceuticals，Inc.（Ibis Therapeutics program，Carlsbad，CA），在 DARPA 美国国防高级研究计划局的资助下与 SAIC 科学应用国际公司合作研发的。[142] TIGER 生物传感器系统可以在几个小时内识别广泛的传染性生物，包括已知的、未知的、不可培养的，或者生物工程产物。PCR 引物被设计用来将未知生物与相邻的相关生物放置在一起，多个引物可以针对病原体基因组的多个位置。通过质谱法用于获得质谱标记数据。国际机器人设计公司（卡尔斯巴德，CA）正在开发 TIGER 2.0，这将是一个仅需要技术人员最小程度的干预的自动化系统（Bunk，2002）。占地面积将为 8 英尺 ×8 英尺 [①]，正在移交给 USAMRIID 和 CDC。非培养法可以灵活选择使用的样品类型（例如，血液、尿液、土壤、其他环境样本）（Kumar Hari，Ibis Therapeutics，个人交流）。虽然这这项技术不是便携的，也不是在线的，但相比于标准 PCR 技术，它可以设计引物一次只检测一种已知病原体（图片经宜必思治疗公司许可转载）。

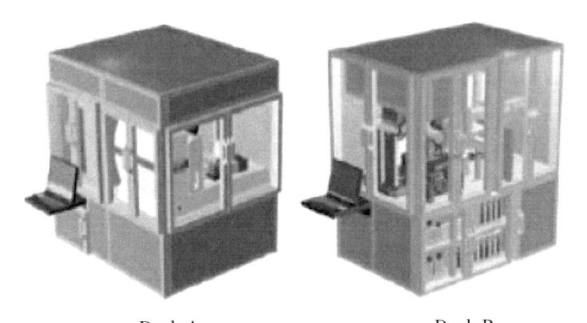

Deck A　　　　　　　Deck B
TIGER 2（Ibis，Robo Design Internntional）

7.3.6　生物光电传感器系统（BOSS）

DARPA 资助了生物光电传感器系统（BOSS）中心，该中心包括来自加利福尼亚州大学伯克利分校、科罗拉多州立大学、哥伦比亚大学、佐治亚理工学院（Georgia Tech）、伊利诺伊大学香槟分校、密歇根大学安阿伯分校和得克萨斯大学奥斯汀分校的团队成员，他们合作开发探测化学和生物战相关威胁的技术。[143] 佐治亚理工学院应用传感器实验室正在使用红外区域的光纤消逝波普来感知捕获目标分子的相互作用。感应区域涂有一层薄聚合物层

---

① 　1 英尺 =0.304 8 m。

（可以是分子印记聚合物；见第 7.4.13 节），形成一个疏水膜，可作为萃取相在传感器表面附近富集疏水分析物，又可作为水吸收的基质干扰抑制剂。[144]佐治亚理工学院已经开发出可应用于地表水和海水的探测器（EPA，2003）。开发者声称，"该传感器速度快，灵敏度高，提供实时直接测量，不需要额外的步骤或消耗性试剂……（并且）能够检测空气、水和生物样品中的各种化学和生物物种"（Bodurow，2005）。

7.3.7　表面等离子体共振（SPR）

表面等离子体共振（SPR），通过测量折射率的变化来检测样品质量的变化[145]。传感器芯片由涂有一层黄金薄层的玻璃表面组成。黄金表面可以通过多种方式进行修饰，以固定不同的化合物。例如，如果用羧甲基化葡聚糖层对黄金表面进行修饰，各种生物分子可以附着在该亲水层上而不会引起变性。当样品通过芯片表面（通过微流体）时，会捕获与固定目标结合 / 相互作用的分子。随后可以研究蛋白质、核酸、脂质、碳水化合物甚至整个细胞之间的相互作用。当发生结合时，质量增加，当发生解离时，质量减少。这些质量变化可以在发生时被检测到，并产生定量信息，例如样品中分子的动力学、亲和力和浓度。可以检测到小至 100 道尔顿（Dalton）的分子的结合。便携式型号正在开发中（Karl Booksh，DMS 实验室，华盛顿大学[146]）。马里兰大学正在开发一种称为表面等离子体耦合发射（SPCE）的相关技术，与其他荧光技术相比，这种技术有可能将灵敏度提高 1 000 倍[147]。

Nomadics[®]Advanced Instrumentation 集团（Stillwater，OK）提供了一个表面等离子体共振（SPR）评估模块，供有意在便携式 SPR 平台上研究特定化学和生物污染物检测的研究人员使用。[148] Nomadics 评估模块是基于 Texas Instruments 公司（Dallas，Texas）的 Spreeta[TM] 生物传感器，能够实时定量测量生物分子的相互作用。该模块包含 50 个传感器（芯片），一个带有电子 PC 接口控制的流量单元，以及一个基于 Windows 的操作系统。Spreeta[TM] 的设计囊括了整个 SPR 光学系

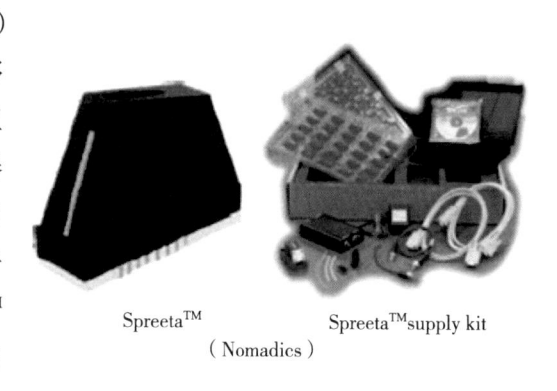

Spreeta[TM]　　　　　Spreeta[TM]supply kit

（Nomadics）

统，使该装置结构紧凑，能够集成到各种仪器设计中。该传感器可用于检测和量化特定污染物的存在，如农业、水质、医疗和食品安全等应用。[149] 斯坦福大学的研究人员测试了 Spreeta™，并得出结论，该传感器"有希望成为实验室和临床环境生物分析应用中廉价、便携和准确的工具"（Whelan et al.，2002）。[150] 他们的测试方法中的分析物浓度相当于检测 90fmol IgG（Whelan and Zare，2003）。2006 年，Nomadics 预计将推出一个基于 Spreeta™ 的生命科学平台（图片经 Nomadics 公司许可转载）。

7.3.8　电化学发光法（ECL）

ECL 是一种检测技术，利用钌金属离子的氧化和还原产生的光作为标记系统。捕获分子（如抗体）被吸收到支撑面，如磁珠或微阵列板。样品中的目标分子和钌化抗体的加入形成了抗体夹层，当钌化抗体被电极刺激发光时就会被检测到。因为电极只刺激附近的钌，所以该方法的背景信号是有限的，使用 620nm 发射光时不用担心淬灭的问题。[151] 与其他基于抗体的技术一样，ECL 技术可能需要缩小体积，以适应供水系统。

ECL 由 BioVeris（前身为 IGEN；Gaithersburg，MD）开发。BioVeris 的 BioVerify 测试使用两种抗体，可识别病原体或毒素，一种固定在常磁性的微粒上，另一种用 BioVeris 的 BV-TAG™ 标签标记。与抗体试剂混合的样品被加载到流动型的 M1M 分析仪中，该分析仪将这种测定混合物传输到测量单元中并在电极上收集微粒。电极刺激 BV-TAG™ 标签与微粒结合（通过抗体和孢子），并测量其发射的光。M1M 可用于检测包括肉毒杆菌神经毒素（A、B、E、F）、炭疽、蓖麻毒素、葡萄球菌肠毒素 A 和 B、大肠杆

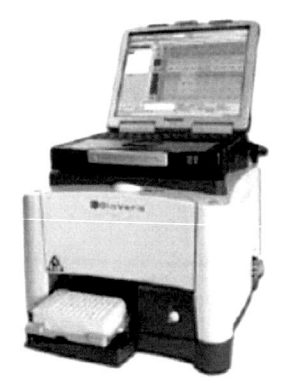

M1M Analyzer
（Bio Veris）

菌 O157：H7、沙门氏菌、李斯特菌和弯曲杆菌。M1M 装在一个可移动的手提箱中，并带有一个单独的试剂手提箱。[152] 该公司销售该系统用于生物防御，并声称可用于科研环境样本。Meso Scale Defense[153]（Gaithersburg，MD）是 Meso Scale Discovery 的一个部门，也出售采用 ECL 技术的系统。该公司的 MULTI-ARRAY™ 和 MULTI-SPOT™ 微孔板底部集成有电极。捕获分子被固定在板上，然后样品和 MSD-TAG™ 在阵列上流过。当目标分子存在时会形

成抗体"三明治"并被仪器进行检测。Meso Scale Defense 目前在市场上有台式检测器，并且正在为应急人员设计便携式检测器[154]。

7.4 新兴技术

目前新兴技术包括现场、实验室设备以及可以集成到系统中的技术进步。讨论的系统包括免疫测定、概念验证和微芯片技术、微珠和光散射技术方面的进步。第 7.2 节对免疫测定技术进行了一般性描述。介绍的一些微芯片技术用于商业产品及其他应用，例如基因组学研究或临床分析。这些技术在其他领域的潜在应用是多样的，包括用于饮用水监测的传感器。这些技术是否曾经用于开发针对饮用水检测的产品主要取决于其成本。由于分析经济因素超出了本文件的范畴，因此将介绍可开发成用于饮用水供水系统检测的产品的技术，无论成本最终是否会阻碍其发展。此外，很难确定这些技术的潜在检测限是多少，因为检测限基于特定基质中的特定污染物，而这些技术尚未适用于供水系统或威胁因子的范围。

7.4.1 横向流动分析

美国宇航局喷气推进实验室开发了一种定量横向流动分析（QLFA）技术，用于测试太空中的饮用水样本。[155] 根据设计和所使用的特定抗体，测试试纸可得出水样中总 CFU 的粗略计数，并对存在的生物体类型进行初步分类，例如病毒与主要不同类别的细菌。这项测试只需要几分钟，而且不需要细菌的生长。相对较低水平的抗原可使用较新的荧光染料检测，如 Qdots®，比传统荧光标记物亮得多（见下文[156]）。

7.4.2 示踪技术

Quantum Dot Company 公司（Hayward，CA）的 Qdots® 是一种纳米晶体球，外表面涂有生物分子，如 DNA、抗体或受体，其在各种不同的波长下会发出荧光。尽管胶体分散的颜料早已存在于自然界，并且已经在绘画领域中使用了几个世纪，但创造了可溶于水且对细胞无毒的荧光颜料仍然是一项突破性的进展。[157] Qdots® 目前被销售用于标记活细胞的亚细胞组件以成像。[158] 其他研究人员也在开发量子点技术（Gorman，2003）。[159] 量子点有能力定量检测样品中的生物分子。位于俄亥俄州辛辛那提市的 EPA 地下水和饮用水办公室（OGWDW）技术支持中心正在使用量子点作为传感器技术的一部分，以确定地表水和成品水中蓝藻及其毒素的发生和流行情况（Gerald Stelma，EPA，个人交流）。EPA 正在研发的生物传感器将会是便携的供现场使用，并最终可以适用于连续监测。EPA 的研究目标是开发检测蓝藻的分子方法，并同时提取和检测 EPA 感兴趣的蓝藻毒素[160]（图片经 Quantum Dot Company 公司许可转载）。

另一个较新的示踪技术是上转换磷光体技术™（UPT）。SRI International 公司（Menlo Park，CA）与 OraSure 技术公司（Bethlehem，PA）合作，在 DARPA 的支持下，开发了一种轻巧可内置电池的手持式的传感器，用于检测空气质量。[161] 该系统使用 UPT™ 对多种病原体（细菌、病毒）及毒素进行颜色编码。[162] 上转换磷光发生器在近红外光的激发下发出可见光。该装置具有以下优点：①单颗粒检测灵敏度。②多路复用。③无自体荧光。④无光褪色。迄今为止，SRI 已经开发了 10 种 UPT™ 荧光粉，每种都能产生不同的颜色。不同的颜色可以同时检测同一样品中的多种污染物。[163] 该传感器可以在 15 min 内检测到 10～1 000 pg/mL 的小分子（如病毒、毒素）目标抗原，而样品量少于 300 µL。对于孢子和细菌，其灵敏度可达 1 000 CFU/mL。到目前为止，这项技术已经用于生物液体（口腔液体、血液等）的采样，但未来的研究目标是将 UPT™ 应用于环境测试包括饮用水。[164] OraSure 技术公司拥有商业专利权，并可能为其他新兴应用开发该技术，如生物战防御、组合化学、生物分子筛选、医疗诊断和药物测试等。

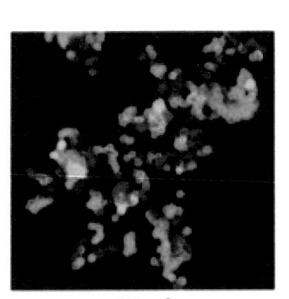

QDots®
（Quantum Dot Co.）

7.4.3 磁珠

Dynabeads® 由 Dynal Biotech LLC（Oslo，Norway）开发，是一种用于快速分离和检测液体或粘稠样品中的微生物、核酸、蛋白质和其他生物分子的产品。Dynabeads® 技术是基于免疫磁性分离。

这些微珠聚合物（1～4.5 µm）可以被涂上各种配体（抗体、低聚核苷酸、蛋白质、DNA/RNA 探针等）并与特定目标结合。产生的目标—微珠复合体可被磁力分离，并利用紫外线激光系统进行检测。[165] 微珠大小和配体类型的不同组合有助于检测和识别各种目标。这种方法在 5 小时内就成功地检测出了水样中的大肠杆菌（Pyle et al. 1999）。尽管 Dynabeads® 没有被 Dynal 作为 CBW 的工具进行销售，但可以用于流式细胞分析设备和其他技术来检测小示踪颗粒。

7.4.4　流通柱技术

由 PNNL（Richland，WA）开发的 Biodetection Enabling Analyte Delivery System（BEADS）是一种用于病原体检测的便携式、自动化前端样品制备装置。该系统的特点是采用微尺寸玻璃、聚合物或磁珠涂有特定化学或生物物种的抗体。这些微珠被不同颜色编码，以区分其特定的化学反应用于提取和检测病原体标识。液体样品流经可再生微珠的免疫分析柱，该柱的用途是分离并浓缩与微珠结合的整个细胞、蛋白质、核酸和 / 或化学物质。除了样品纯化和浓缩，BEADS 有自己的 PCR 检测器，也可以与其他检测器连接。样品制备或分析不需要人员操作系统。现场测试结果可以通过电子传输方式发送到远端。BEADS 系统已经成功地检测了三硝基甲苯（TNT）、杀虫剂 / 除草剂、肉毒杆菌毒素、大肠杆菌和炭疽杆菌，这个过程大约需要 4 小时才能完成（ACS，2002）。[166] 这项技术还没有经过第三方的验证。

7.4.5　拉曼光谱学

Biopraxis 公司（San Diego，CA）正在开发一种无试剂的便携式生物传感器，其第一个版本称为 "Doodlebug"。[167] 该生物芯片将生物分子固定在表面增强拉曼散射（SERS）活性金属表面。当样品被添加到芯片的表面时，被捕获无法移动的生物分子选择性地结合样品的配体。芯片读取器，即拉曼显微镜，用激光照射芯片表面并收集散射光。散射光的波长和强度被用来分析交叉反应的特有分子结构，该技术可以检测化学品（包括爆炸物）和生物制品。Biopraxis 公司正在开发可以同时检测 8～10 个不同目标的生物芯片（Bunk，2002）。WERF 的一项研究表明，Doodlebug 可以区分 6 种军团菌，6 种微小隐孢子虫基因 2 型、3 中基因 1 型，1 种鸡隐孢子虫和贾第虫菌株的新鲜卵囊。获得结果大约需要 60 s。涉及环境和水处理条件影响的实验表明，这种技术能够区分存活的和非活的以及可能受伤的生物体样品。SERS 指纹甚至可以用来确定一个卵囊的 "年龄"（例如这个卵囊是否太老而失去传染性）。该技术的灵敏度无须扩增技术，如 PCR、荧光示踪和酶促反应，从而大大降低了样品错误反应的可能性，样本成分可能会模仿、抑制示踪的信号，也可能会干扰酶反应（Grow et al.，2003）[168]。其他一些公司也有拉曼光谱技术的便携式仪器[169]。

7.4.6 微电极阵列

CombiMatrix 公司（Mukilteo，WA）正在测试其生物危害检测系统 Sen-Z[TM]，[170] 这是一种独立的手持便携式装置，可以捕捉并通过电子检测一系列威胁因子（如炭疽孢子、天花病毒、蓖麻毒素和蛤蚌毒素）。CombiMatrix 的核心技术是在 1 cm^2 内有 1 000～12 000 个微电极的阵列。每个微电极上都覆盖一个多孔反应层，作为一个反应"试管"。微电极产生

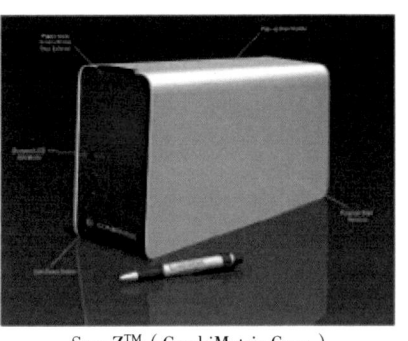

Sen-Z[TM]（CombiMatrix Corp.）

局部的 pH 变化，决定了微阵列捕获分子的合成或沉积的位置。CombiMatrix 微阵列已被开发为用于检测 DNA 杂交和抗原－抗体反应。Sen-Z[TM] 的主要特点是多重免疫化学检测，可以进行快速配置的平台，以检测较大范围的威胁因子。通过电化学方法对信号进行实时无荧光电子检测，自动采样、制备、检测和分析，以及高灵敏度（60 pg/mL 蓖麻毒素）。目前，这项技术的重点应用在空气检测领域，但该公司认为，因子隔离和处理技术的整合可以使该产品适用于水监测系统（David Danley，CombiMatrix，个人交流）（图片由 CombiMatrix 公司授权转载。图片转载自 CombiMatrix）。

7.4.7 凝胶固化化合物芯片

阿贡国家实验室的生物芯片技术中心开发了一种可重复使用的"固化凝胶化合物芯片"（MAGIChip[TM]），可以在几秒钟内进行上千次的生物反应。MAGIChip[TM] 是一个小型玻璃载玻片，上面有多达 10 000 个三维凝胶片，可作为微型测试管。机器人将细菌、病毒或化学品的 DNA 或蛋白质片段装入凝胶片。需要台式设备进行分析。阿贡生物芯片技术中心的研究人员正在致力于开发新的生物芯片，以及为生物芯片开发新的应用，编写更快速的样品分

析程序，并努力缩小便携式生物芯片分析仪。这项技术已用于基因表达、遗传病诊断和监测、环境清理和农业中的微生物分析、血液和尿液的常规蛋白质分析、外层空间生命探索和法医的 DNA 检测。[171] 虽然这项技术具有检测生物污染物并预警的潜力，但尚未在此方面进行调整。此外，如果将这种技术应用于供水系统，很可能需要对设备体积进行缩减。

7.4.8 磁性微珠

海军研究实验室开发的 The Bead ARray Counter（BARC）芯片，由固定在表面上的 DNA 点阵组成。[172] 采用直径为 1～3 μm 的磁珠检测样品 DNA 与芯片固定 DNA 的杂交。芯片的磁场微传感器是用巨磁电阻（GMR）材料制成的微米级的线状结构，可以检测到单个磁珠，并且比荧光法的光学探测仪更灵敏体积更小（Whitman et al.，2001；Tamanaha et al.，2002；Rife et al.，2003[173]）。随着技术的进步，数百万个亚微米级巨磁电阻元件能够以高灵敏度和高动态范围同时检测数千个 DNA 序列将成为可能。[174] 这项技术目前还没有通过专业性的验证（图片来自 NRL 网站）。

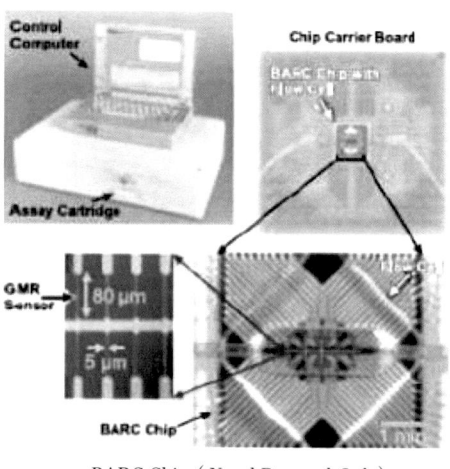

BARC Chip（Naval Research Lab）

7.4.9 DNA 微阵列（DNA 芯片）

DNA 微阵列（DNA 芯片）包含 10 万个打印在玻璃显微镜载玻片上不同的 DNA 点（Fitzgerald，2002）。另外，光刻技术和固相化学技术可以用来生产在 1.28 cm² 上装有 50 万个寡核苷酸（单链 DNA）探针的微阵列（Affymetrix

Genechip®）。[175] 当带有未知 DNA 的样品暴露在斑点上时，将与互补的 DNA 斑点杂交（匹配），样品 DNA 被标记（通过 PCR 反应），所以芯片分析设备能够检测到微阵列上杂交发生的位置。微阵列可以被设计成检测大量的序列，这些序列是特定的病原体独有的。[176] 有几家公司在生产和设计该微阵列。微阵列被广泛用于基因组学研究，[177] 但是在面对环境样品和饮用水样品时面临如何缩小样品体积的问题。

7.4.10　微悬臂系统

由 Protiveris（Rockville，MD）生产的 VeriScan™ 3000 系统[178] 采用了橡树岭国家实验室授权的技术。[179] 该台式系统使用专门基于微机电系统[180]（MEMS）的生物芯片、专利激光读取技术、微流体技术和先进的定制分析软件，可以同时进行 64 个检测。该生物芯片有一个微悬臂阵列，可以检测蛋白质、抗体、抗原或 DNA 之间的相互作用。该系统不需要生物示踪或扩增，可以在结合的相互作用发生时实时提供数据。检测的检出限是 0.2ng/mL，与传统的 ELISA 法相比更具有竞争力（Daviss，2004）。与其他在微芯片平台上检测微生物的技术一样，在该技术应用于饮用水之前，需要缩小样品体积以提高细胞浓度（图片经 Protiveris 许可转载）。

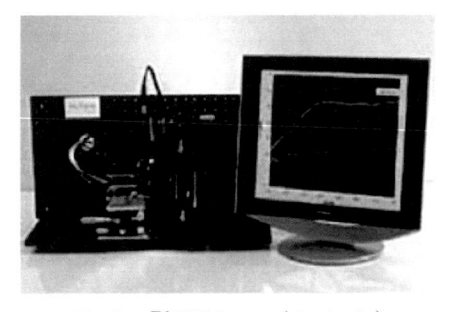

VeriScan™3000 System（Protiveris）

7.4.11　发光生物芯片

IatroQuest 公司（Rockville，MD）的 Bio-Alloy™ 生物芯片由硅基半导体材料制成，这些材料具有纳米结构并经过化学改性，可与各种分子结合，包括抗体、酶、核苷酸和作为识别元素的化学物质。探测原理基于光致发光反应，依赖于材料被低功率蓝光 LED 激发时的量子约束和表面能态的变化。当目标污染物与在链接在表面的识别元件亲和结合时，表面能量扰动会导致光致发光反应的立即变化，其最终表现为绿光强度的增加。为了实现更多最终产品的多功能性，可以通过生产不同格式的材料（包括芯片、颗粒或微球）来完成。IatroQuest 有一个便携式的演示系统，但尚未开发出任何产品。[181] 该公司从 CRTI 反恐倡议组织获得了一份价值 300 万加元的开发合同。

7.4.12　聚合物微粒 – 味觉芯片

得克萨斯大学奥斯汀分校的科学家们开发了一种"电子味觉芯片"，是基于模仿人类味蕾的聚合物微粒系统。[182]LabNow, Inc. 公司已获得商业开发许可。这种多传感器阵列技术可以近乎实时地生成复杂流体的数字指纹。该设备通过结合微加工、纳米化学传感方案、受体位点的分子工程和模式识别协议来检测各种生物和化学污

Taste Chip（University of Texas）

染物（如电解质、毒素、药物、代谢物、细菌、血制品）。味觉片可以根据检测要求在几个月内调整并提供定制的应用方案，以应对新的分析物，如饮用水分析。他们的分析特性（灵敏度、选择性、检测阈值、分析方差）已被证明与许多成熟的宏观分析方法相当或占优（Goodey and McDevitt，2003；McCleskey et al.，2003；Kirby et al.，2004）。完全开发的原型机和定制的微芯片组已经在许多应用领域进行设计、建造和测试（包括国土防御），其中手持设备已被送到国防部减少威胁局进行进一步测试（John T. McDevitt，U. Texas，个人交流；图片转载已获授权）。

7.4.13　分子印迹聚合物

分子印迹聚合物（MIP）是一种合成的受体，可以设计用于一系列的毒素和微生物检测。[183] 与抗体相比，MIP 具有更大的稳定性，能够承受极端气候和更大范围的灵敏度（Haupt，2002）。[184] 该技术正被纳入英国国防部开发的一种综合生物检测系统，用于在战场上对抗生物武器（Bunk，2002）。已经开发出的 MIPs 可分析物包括藻类毒素、软骨藻酸和微囊藻毒素、以及真菌毒素、黄曲霉毒素 B1、赭曲霉毒素 A。[185] MIPs 被非常成功地用于糖尿病的"家用"葡萄糖检测设备。多个实验室正在寻求进一步改进用于 CBW 检测的

MIPs（Mays，2004；Pesavento et al.，2004）。

7.4.14　磁弹性传感器

Ten Sensor Array
magnetoelastic sensor
（Craig Grimes,PennState）

质量敏感磁弹性传感器可用于检测抗体—抗原相互作用。然而，质量变化必须通过生物催化沉淀来放大。该传感器平台能固定捕获抗体，识别目标抗原，然后添加碱性磷酸酶标记抗体以形成抗原—抗体三明治复合物。三明治复合物通过对甲苯胺蓝（BCIP）的沉淀放大质量。带状磁弹性传感器以特定共振频率进行机械振动作应对外部施加的稳态或脉冲磁场变化。这些机械振动可以通过几种方式进行检测：通过光学方式从反射激光束的振幅来检测，声学上通过麦克风或水听器来检测，以及通过拾波线圈来检测传感器发出的磁通量。[186]大肠杆菌、肠毒素和蓖麻毒素已能用实验室原型检测到（Ruan et al.，2003，2004a，2004b）。虽然这种实验室原型传感器不太可能在将来适用于水体，但其极低的成本使其成为一项有吸引力的技术（图片经Craig Grimes许可复制）。

7.5　浓缩方法

计划于 2005 年发表的两篇 AwwaRF 研究论文（早期/实时生物因子预警系统的提取方法—项目 A 和 B 项目；见附录 D）提出了从大量样本中提取生物污染物的方法。

AwwaRF 项目 #2985 旨在开发一种大体积样本的生物污染物提取方法，提取时间不到 3 小时，回收率至少为 60%～70%。CDC 是该项目的合作伙伴。该项目建立在国防部对联合服务水因子监测系统的研究基础上，该研究为国防部所有军种（如陆军、海军、空军、海军陆战队）提供服务。该项目的目标是开发一种便携式的水监测器，最好能手持并接近实时检测所有在野外对军员有害的因子，同时不存在误报。由于蓄意污染饮用水在历史上一直是军方关注的问题，国防部拥有关于刻意污染饮用水的最详细和前沿的信息。

AwwaRF#2908 项目（附录 D）寻求筛选生物污染物替代物的 3～5 种不同的水提取方法。国防部是其研究合作伙伴。AwwaRF 指出，最终报告的发布可能涉及一项特殊协议，要求签署保密协议。

7.5.1　中空纤维超滤

　　许多检测方法面临的同一个难题，即需要在定量鉴定之前浓缩污染物。中空纤维超滤是一种从大量水中同时浓缩病毒、细菌和原生动物的技术。超滤法可在 1～2 小时内将 100 L 饮用水浓缩到 250 mL。这些水通过过滤系统循环，以捕捉到一定大小的分子。滞留物可以进一步划分，以便检测各种微生物。这种方法可能仍然需要去除可能干扰某些分析测试（如 PCR）的浓缩抑制剂。该方法目前正在由美国国家环境保护局、CDC、美国陆军和南加州大都会水务局共同开发。在 4 个水域水源对中空纤维技术对研究表明，隐孢子虫卵囊的平均回收率约为 48%。结果与 Envirochek 过滤器相当。因此中空纤维超滤可以有效地从各种地表水中过滤卵囊（Kuhn and Oshima，2002）。

　　EPA-NHSRC 和爱达荷国家实验室（INL）达成了一项跨部门协议，将开发和生产下一代超滤浓缩（UC）设备的原型，该设备此前由 NHSRC 和其他利益相关者开发。UC 台式设备能在大约 2 小时内，将 200L 市政饮用水样本中的微生物病原体浓缩至 250mL 体积（400 倍浓度）。INL 希望使用已经在辛辛那提 NHSRC 测试的台式 UC 系统来重新设计 / 集成和自动化组件，这样新设备可以作为近似商业化的设备或原型系统（Vincente Gallardo，EPA，个人交流）。

7.5.2　羟基磷灰石全细胞捕获

　　羟基磷灰石（HA）全细胞捕获技术是一种可用于浓缩供水系统中的微生物污染物进行检测的技术。对于致病性和非致病性生物体而言细胞表面存在的阴离子聚合物可用于捕获革兰氏阳性和革兰氏阴性菌。羟基磷灰石是一种磷酸钙可与细菌细胞高亲和结合。Berry 和 Siragusa（1999）已经证明，带正电荷的 HA 颗粒可以浓缩和净化复杂基质中的细菌，如碎牛肉和牛粪悬浮液。然后，这些细菌就可以通过 PCR 分析进行鉴定。由于细胞捕获是基于细菌细胞和 HA 粒子之间的范德华力和静电相互作用，因此对 HA 粒子的亲和力取决于特定的细胞类型。经测试，大肠杆菌的捕获效率为 46%，小肠结肠炎耶尔森菌的捕获效率为 99%（Mays，2004）。

7.5.3　凝集素和碳水化合物间的亲和力

　　另一种捕获微生物细胞的方法是用凝集素来定位微生物富含碳水化合物的细胞包膜聚合物。碳水化合物片段通常是细胞壁或蛋白质的基本结构元素，相比可能变异或依赖环境条件较高的蛋白质序列它更不容易变化。因此，凝集素是一种有发展前景的候选浓缩方法。已经证实凝集素可俘获包括大肠杆菌和沙门氏菌在内的几种真细菌。另外一种类似于凝集素亲和性的微生物俘获方法是利用微生物本身的碳水化合物结合特性，对致病菌来说，黏附在肠道内壁以繁殖是至关重要的。对细菌中碳水化合物结合的充分研究案例是大肠杆菌和福氏杆菌的黏附。此外，通过碳水化合物对某些病毒（如轮状病毒）进行必要的宿主细胞识别的研究已经展开。可以推测，可以选择一种凝集素和 / 或碳水化合物，以半选择性的方式结合生物体，以此来浓缩和纯化并进行检测。利用羟基磷灰石和凝集素 / 碳水化合物亲和力的预期困难是难以将 HA 和凝集素固定到磁性或聚苯乙烯微珠上。此外，还需要测试目标微生物污染物的捕获效率，以及确定这些方法是否会一起浓缩抑制剂，从而导致在检测失效（Mays，2004）。

8

在早期预警系统中检测
辐射污染物的技术

辐射是水体中的一种污染物，其与致癌和非致癌性的不良健康影响相关。《联邦水污染控制法》《清洁水法》、《安全饮用水法》（SDWA）和《最高污染物水平》（MCLs）都规定了保护水系统免受辐射和其他污染物污染。辐射 MCLs（最高污染物水平）需要在入口处进行测量（不需要常规监测），辐射存在于 beta/ 光子发射体（包括伽马辐射）、阿尔法粒子、复合镭 226/228 和铀。这些条例曾被认为足以确保长期水资源供给的清洁和安全。然而，恐怖主义对于现在的美国而言是主要安全问题之一，水务部门为潜在的袭击和安全事故做好充足准备已经变得十分重要。《国土安全总统指令》（HSPDs）和 2002 年的《公共卫生安全和生物恐怖主义准备和应对法》（生物恐怖主义法）都要求美国国家环境保护局重点关注水务部门的应急预案和应对战略。

在供水系统被蓄意污染的情况下，辐射的实时监测对于及时做出反应是重要的。目前有辐射测量设备用于检测总辐射量，以及通过给定源发出的能量水平检测特定类型辐射的设备。以 Technical Associates 的 SSS-33-5FT 饮用水辐射安全监测和 Teledyne Isco 公司（Los Angeles，CA）[187] 3710RLS 采样器（下面都提到了）为例，这些设备都是分析 α、β 和 γ 射线总辐射的设备。这些仪器会在水体受到辐射时提醒操作人员，但不能识别特定的污染物。其他的一些仪器可以分别识别 α、β 和伽马射线，这些仪器将在本部分中进一步讨论。本部分中提供的一般信息和技术成本及《水和废水安全产品指南》中涉及监测水系统的辐射检测设备均可在美国国家环境保护局的网站上找到 [188]。该网站是基于美国国家环境保护局、能源部、国防部和美国核管制委员会开发的《多机构辐射调查和现场调查手册》（EPA，2000）中摘选的信息。

美国国家环境保护局不认可或推荐以下任何一种技术。以下汇总信息来源于公司网站和宣传资料。

8.1 检测方法的一般介绍

伽马辐射释放的是一种能穿透许多物体的长程电磁波，可以用碘化钠（NaI）闪烁测量仪在现场进行测量。另外，由于水中的 α 辐射和 β 辐射的物理性质，很难有现场快速探测技术。α 辐射所释放的是带正电荷的粒子，不能穿透物体，而 β 辐射释放的是带负电荷的粒子，具有中等穿透能力。在测量水中 α 辐射和 β 辐射时的主要难题是这些短距离的辐射在到达探测器之前很容易被水阻挡（减弱）。因此，检测仪器需要放置在靠近放射源的地方，从而减小辐射到达探测器路径的阻碍。此外，流气式正比计数器通常评估来自光滑固体表面的 α 辐射和 β 辐射。然而，由于水体表面并不光滑，经常需要在实验室中安装大型的且灵敏的液体闪烁计数器，因此对水体中的 α 辐射和 β 辐射进行现场定量测量是一种罕见的做法。本部分将介绍一些可以在现场检测和量化辐射的设备。

这些仪器和检测方法可以在特异性和灵敏度方面进行评估。EPA 将特异性定义为仪器量化或评估特定类型的放射性或放射性核素的能力，并被设计为没有误报（例如，不受其他辐射或放射性核素的干扰）。灵敏度被定义为以某种预期的置信水平测量或检测放射性物质的辐射水平或数量，它是仪器和所使用的技术的功能。关于测量 α 辐射和 β 辐射的特异性，液体闪烁计数器在适当校准和猝灭效应得到补偿时（全能量脉冲可能无法达到光倍增探测器），通常是非常灵活和准确的。β 辐射的复杂多能谱效应可以被量化，因为它的能谱比 γ 辐射的能谱宽 10～100 倍。在灵敏度方面，这种闪烁测量仪是中等到高能量的 α 和 β 放射体的理想选择，因为不同的辐射类型可以很容易地通过放射体的脉冲形状来区分。

关于测量 γ 辐射的特异性，这些闪烁测量仪初步识别特定同位素从而能够分析特定的 γ 能量范围。这些闪烁计的最小灵敏度为每分钟 200～1 000 频次，当其切换到数字集成模式时可以更低。碘化钠闪烁测量仪的费用约为2 000 美元。通常，这些在线 γ 辐射探测器只应用于处理放射性物质的特殊设施。

连续在线监测系统可以实时进行水体监测，但目前市面上这种装置还很少。这些系统可以与警报系统串联在一起，以提醒操作员辐射测量出现异常。目前有用于测量废水中辐射的装置，用于饮用水的监测需要对其改进。目前很少有流域性的实时辐射监测器来保护水体和公众健康。

8.2　可用技术

Technical Associates 的 SSS-33-5FT [189] 是一种实时、在线、连续的流动闪烁探测器，用于探测地面、地表或废水中的 α 辐射、β 辐射和 γ 辐射。该探测器可用于测量一种或多种辐射的组合。这种易于校准的仪器使用离子交换树脂珠和木炭过滤器，不需要液体闪烁体。离子交换树脂从溶解的金属中收集离子，然后用伽马光谱探测器测量其活性。木炭过滤器收集非电离的杂散放射性物质。碎蒽闪烁晶体是最终的辐射探测器。该仪器测量氚含量可达 100 pCi[①]/mL，并配备了如果出现异常读数就会发送警报的系统。所有数据都可以以电子表格格式检索。这种仪器在市场上的售价约为 58 000 美元（图片经 Technical Associates 许可转载）。

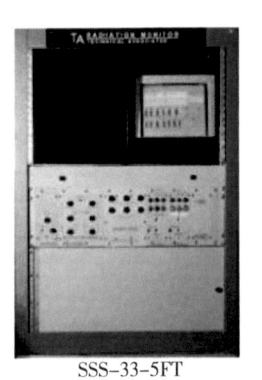

SSS-33-5FT
（Technical Associates）

  Technical Associates 的 MEDA-5T [190] 是一种持续监测蓄意污染或意外泄漏进入水源伽马辐射的装置。该仪器配有水泵和闪烁探测器。一旦发生放射性水污染，就会发出自动快速警报。这款仪器售价约为 25 000 美元（图片经 Technical Associates 许可转载）。

  Teledyne Isco 的 3710 RLS Sampler [191]，Inc.（Los Angeles，CA），通过 3M Empore™Rad 磁盘和已知流量来检测放射性核素。采样器会连续监测水中所有类型的辐射（图片经 Teledyne Isco Inc. 许可转载）。

MEDA-5T
（Technical Associates）

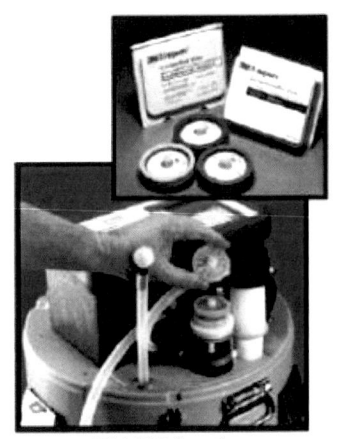

3710 RLS Sampler
（Teledyne,Isco,Inc.）

  Technical Associates 的 SSS-33dhc 和 SSS- 33DHC-4 [192] 水探测器被用来连续监测和检测地下水污染带或氚泄漏。这些探测器安装在钻孔中，使其不受其他放射性核素的影响，不需要液体闪烁体。该检测仪灵敏性低于 EPA 清

---

① Ci（居里）=3.7 × 10^{10} Bq。

洁饮用水标准，100 s 内灵敏性为 1 nCi/mL，24 小时平均检测下限优于 FDA 饮用水标准 20 000 pCi/L。这些设备的售价为 7.2 万美元。

Technical Associates 的 SSS-33M8 监测器[193]是水体中氚的实时连续监测系统。其不需要液体闪烁体，并且灵敏性为 0.1 nCi/mL，同时不受其他核素的影响。有助于监测反应装置的泄漏，地下水体中的氚，以及实验室或工厂的废液。这套设备的售价是 1.65 万美元。

8.3 潜在的适应性技术

Canberra（Meriden，CT）已经开发了几种检测管道液体中辐射的设备，比如那些携带放射性污染物的污水管道。但这些监测器并不应用于饮用水供给系统。Canberra 的所有设备都可以使用放射评估显示和控制软件（RADACS）实时监测污水，该软件允许从远程在线访问监测器。

Canberra 的 LEMS600 系列液体废水监测系统（LEMS）[194]有持续评估 γ 辐射和 β 辐射总量的能力。该系列包括 LEMS614、LEMS615 和 LEMS616。其探测器在高辐射或故障情况下配备了警报系统。LEMS614 可检测 β 辐射和 γ 辐射，并可以检测 0~50℃之间液体样品中的 γ 辐射。LEMS616 有类似的 γ 探测器，并为温度更高的液体配备了冷却系统。LEMS 系统的费用在 10 万~15 万美元。

Canberra 的 OLM-100 在线液体监测系统[195]可持续监测水流和气流中的 γ 辐射，可以被做成一个钳夹或蛤壳型模型以适合各种管道尺寸。该装置使用增益稳定闪烁探测器，并已获得 1E 安全资格。在线监视器被连接在管道外部以免干扰管道内的流体流动。它的灵敏度/检测极限取决于预先编程的检测下限和背景环境。OLM-100 的费用在 3.5 万~7 万美元。

Canberra 的 ILM-100[196]类似于 OLM-100，但其需要安装在管道系统内部。ILM-100 和 OLM-100 的价格在 3.5 万~7 万美元。OLM 系统通常比 ILM 系统便宜，因为该系统可以安装在现有的管道上，而 ILM 系统必须安装在管道内部。这两个系统均可安装在 0.5~16 in 的管道中。但其成本随着管道尺寸的增加而增加，这是确保探测器正确安装在管道中而产生的额外费用。

8.4 新兴技术

Clarion Sensing Systems 公司（Indianapolis，IN）[197] 已经开发了一种管内辐射探测器，该公司计划于 2005 年年底在市场上推出（Martin Harmless，Clarion，个人交流）。Gamma Shark™ 传感器检测高于辐射背景水平的伽马辐射。通过在水流中插入闪烁体管，该装置能够暴露更多的表面面积。监视器记录检测到的裂变并将每分钟的计数转换为正常单位。Gamma Shark™ 将水中的辐射水平与本底辐射水平进行比较，并检测出水中辐射的增加量。目前该公司正在进行第三方验证，与市面现有的技术相比该仪器成本更低廉。Clarion 的辐射探测器将独立运行或与公司的 Sentinal™ 单元（见第 4 部分）连接，通过网站显示监测结果。

根据美国能源部 2000 年的一份出版物，[198] Thermo Power Corporation（Waltham，MA）在美国能源部的赞助下开发了 Thermo Alpha Monitor（TAM）[199]。该仪器是一种接近实时的 α 辐射监测器，据估计，1×10^{-9} 铀的周期时间约为 30 min，10×10^{-6} 铀的周期时间约为 5 min。其原理是使用硅探测器上的固态半导体计数器在同时原位收集并量化放射性同位素。该探测器类似于那些使用电离室的探测器，但测量的是电离辐射造成的能量损失。

PNNL（Richland，WA）正在开发一种现场探测放射性核素的传感器，用于检测地下水中的锝 -99（Tc-99）[200]，该技术将采用化学选择性微珠将 Tc-99 预浓缩到传感器中，以提高直接测量的灵敏度和选择性。该实验室正竭力创建一种设备，可以演示其可逆操作和所需的灵敏度以及从远程操作嵌入式控件的能力。

此外，未来还将有一种 α 辐射在线实时辐射探测仪器。能源部已经测试了该设备的原型，并从 2001 年开始在洛斯阿拉莫斯国家实验室进行技术开发[201]。该探测器预计将被用于远程 α 辐射检测（LRAD）技术以监测放射性液体污染的废物和地下水。该监视器是实时的且是非浸入式的[202]。

9

早期预警系统的技术评价

本部分提供了饮用水早期预警系统（EWS）各组成部分的技术评估，如第3部分和第4部分所述。这种评估对涉及饮用水质量的公司、部门及相关单位而言，有助于鉴别适合特定情况和系统的技术。研究人员和公司需要更好地了解这些系统的开发进度及哪些领域存在研究缺口。不同设备出现的误报和漏报，引起了快速响应人员、应急机构以及卫生和执法官员的极大关注。有人声称，额外的测试和评估将有助于履约。此外，检测化学和生物污染物的技术正在迅速发展并处于不同的发展阶段。本报告按早期预警的发展程度进行划分。发展水平由3个类别确定：①可用性。②潜在的适应性。③创新性。在第三部分中，提出了 EWS 所需的特性（例如，检测污染物的范围、灵敏度等）。在本部分中，我们将分析现有的 EWS 技术在多大程度上满足这些期望。

9.1　技术评价的方法

EWS 技术的科学和技术评价是基于专家对以下几方面的定性、半定性和定量信息审查。值得注意的是，评估并不涉及实际的测试设备或分析方法。信息来源包括：

- 验证研究；
- 政府对技术的参与、支持和发展程度；
- 现场经验和案例研究；
- 其他研究；
- 专家意见。

下面将详细描述这些消息来源。

9.1.1　验证研究

在2001年的炭疽热流行期间，当手持式检测被证明是不可靠的时候，政府负责验证 CBR 检测设备的性能（Emanuel et al.，2003）。在一些政府和私人设施中，正在进行 CBR 探测器的验证、可行性和概念验证研究，并侧重于在水系统中的应用。例子包括美国陆军埃奇伍德化学生物中心设施，国防部化学和生物防御项目水监测测试方法和仪器开发测试和评估执行设施，美国国家环境保护局 WATERS 设施和各种承包商设施。具体的评价工作包括：

- 美国国家环境保护局的环境技术验证（ETV）项目评估各种技术，包括化学、微生物和放射性污染物的传感器。

- 美国国家环境保护局的技术测试和评估计划（TTEP）测试与国土安全应用相关技术的性能。
- 国家技术联盟通过化学、生物和放射技术联盟，审查并报告水监测方面的最先进和新兴技术（Black and Veatch，2004）。
- 一些地方的供水公司，包括匹兹堡供水和下水道管理局，已经进行了验证测试（States，2004）。
- AwwaRF 有大量 EWSs 相关的评估项目（见附录 D）。然而，大多数都在进行中。

目前的挑战仍然是只有有限数量的设施能用真正的化学或生物因子来进行测试。

9.1.2　政府参与、支持和技术发展的重视程度

政府和工业界赞助了各种水监测技术的研究，以及对其性能的验证。这样的研究可以作为这些技术发展潜力的标志。赞助机构包括国土安全部、美国国家环境保护局、美国陆军（ECBC）、FDA 和 CDC。例如，ECBC 有一些正在进行的项目，包括"新型生物毒性试剂 DNA 探针的开发"、"生物毒性检测的PCR 检测优化"、"生物毒性检测器的验证"和"基于酶的化学武器试剂检测器的开发"。FDA 正在研究几种用于识别微生物污染物的技术，其中大多数与食品有关，但也有一些适用于水质检测行业。例如，在 2003 年 9 月，FDA 授予了 5 项研究拨款[203]：①用于鼠疫耶尔森氏菌的波导免疫分析；②免疫银染色法快速检测系统；③利用新颖、紧凑的微芯片传感系统进行食品快速筛查；④开发基于 pcr 的微芯片检测方法；⑤薄层色谱法和生物荧光法的使用。

9.1.3　现场经验和案例研究

其中一些技术已被广泛应用于水源水或食品工业中，这可能使该技术能够适用于饮用水。一些城市服务行业正在使用这些技术从处理过的水中获取样本，还有一些城市服务行业也有在线监测系统。在本报告的编写过程中所审查的有限的实地经验和案例研究有助于深入了解这些技术目前的使用情况。对更详细（和机密）案例进一步研究很可能会为 EWS 领域的发展提供大量有价值的信息。

9.1.4　其他研究

有几项研究提供了评估信息。这些文件包括 ASCE 白皮书和设计在线污染物监测系统临时指南（ASCE，2004）、CBRTA 的报告《用于有毒污染物技术评估的水监测设备》（Black and Veatch，2004）和 AwwaRF 的各种研究（见附录 D；Roberson and Morley，2005）。

9.1.5　专家意见

我们联系了各种机构和组织的专家，包括国土安全部、美国地质调查局、美国国家环境保护局、国防部、各种国家实验室、水协会、城市服务行业和参与该项目的顾问。

利用上述来源，对 EWS 的各种操作特性（例如，数据管理、采集、安全）、多参数水质监测器、化学传感器、微生物传感器和辐射传感器进行了技术评估。

9.2　对 EWS 的各种运行功能的评价

本节介绍了与传感器无关的 EWS 的特性。这些 EWS 特性包括实时数据采集和分析、污染物流量预测系统、传感器放置、警报管理、安全执行、通信、响应和决策制定。

9.2.1　问题和差距

实时数据采集与分析

SCADA 接口是管理数据和识别污染事件的关键。大多城市管理服务行业都熟悉 SCADA 系统。远程数据采集系统在商业上是可用的，并应用于许多公共工程的基本水质控制和监测。采用 SCADA 来跟踪传感器数据并不是很大的挑战。然而，困难在于处理数据负载的能力以及解释所收集的数据的能力。分析大量的数据流需要进行特殊的系统训练。虽然现在已经存在各种各样的软件，但许多用于数据分析的算法还没有得到验证或演示。目前还不存在数据分析的标准化方法，需要为 EWSs 编写标准化的数据分析法。相关案例的研究文件可以进一步指导这种数据分析技术的发展。

污染物流量预测建模系统

目前已有一些基本的污染物流量预测系统，但这些系统在城市管理服务行业中用于污染物迁移模拟的应用并不广泛。许多城市服务行业确实使用模型来跟踪氯残留物和消毒副产品。然而，随着研究人员对模型的进一步开发，有必要对模型进行校准和验证，并使模型成为传感器放置、实时污染物流量预测和识别污染源位置的实用工具。需要扩展目前对模型的使用，包括对蓄意污染事件进行建模。此外，还需要培训人员来操作扩展后的模型，或者雇用承包商来运行和维护模型。

传感器的放置

传感器的放置会对成本造成影响。传感器放置位置通常是后勤保障因素决定的，如需考虑位置的安全和便利性，以及是否有电源或网络数据传输。虽然目前流量模型和传感器技术相结合的研究正朝着正确的方向发展，但在相关企业做出困难和价格不菲的决定之前，这些模型必须得到验证。在传感器数量有限的情况下，需要简易的标准指导。

警报管理

管理警报过程将有助于确定何时需要进行某些适当的响应操作。适当的警报级别也将尽量减少误报和漏报。由于现有科技不可能同时消除所有的误报及漏报。因此，最好优化系统，以消除漏报，并管理不可避免的误报，以最大限度地减少对公共行业和公众社区的不良影响。目前，只有部分公共行业在按照这些操作流程工作。使用水质参数作为恐怖袭击第一阶段的警报是一个特别挑战。这需要详细的水质数据，以合理可信地设置警报，确保不会出现过多的误报和漏报。因此需要进行更多的示范项目研究，以确保某些警报管理方法的合理性，并进一步指导整个行业正确使用这种警报管理。

数据安全

目前的远程监控产品已经开始使用部分安全预防措施，其中包括加密。然而，依旧缺少相关的示范项目。其他行业的数据安全工作的标准化流程可以应用于水务部门。应制定程序，将围绕 SCADA 公共项目的安全工作与面向 EWSs 的数据安全联系起来。

沟通、响应和决策信息的制定

在 EPA 的响应协议工具箱中概述了将污染物数据分析与决策制定以及响应联系起来的过程。本指南介绍了该过程，但有效实施该过程的通知和通信设备尚未被广泛开发。目前正在开发协助决策和响应的工具（例如，水污染物信息工具）。

9.2.2　结论和建议

目前，大部分的数据采集软件和硬件已经开发完成。鉴于 EPA 目前推荐的数据采样时间，数据采集系统并不是主要问题。而对于 EWSs 的 SCADA 系统的安全性而言，是急需解决的问题。可以通过有关的企事业单位解决 SCADA 系统的一般性安全问题。本主题的建议包括：

- 需要标准化的数据分析和解释方法和指导。ASCE 所做的一些努力有助于指导相关公司使用这类系统。
- 需要更多项目验证污染物流动模型，然后调整模型以供相关部门使用。
- 需要简单的指导，例如只有少量的传感器可用，该如何开展工作。
- 需要开展一些示范项目，以确保某些警报管理方法合理性。USGS 项目就是将水质多参数传感器与警报管理结合使用的例子。应有更多的项目检验其他有发展前景的警报传感器警报，如贻贝或细菌监测器。
- 应开发有效的技术，以便迅速、有效地向决策者和应急人员发出警报。

9.3　多参数水质监测器的评价

传统的饮用水水质监测器已经被捆绑在一起，并进行了商业销售，现在可以远程、连续和实时地监控水质。一些供应商都已经模块化了系统，这样相关公司就可以选择其想要测量的参数。这些多参数监测器已被证明对维持日常水质具有价值，最近其已被评估为对蓄意污染物的一级预警平台。然而，将来自不同制造商的监视器和传感器结合起来仍然存在问题，因为这限制了这些传感器和监视器在硬件、信号生成和信息处理以及连接方面的一致性和互换性。一些城市在其供水系统中使用了多参数探头，以确保水质和安全。通常，探测器被放置在方便进出的地点，随时可以维护。

开发第一阶段 EWS 的重要部分是评估是否可以根据传感器响应来记录供水系统的正常运行。WATERS 中心测试的目的之一是确定传感器是否能够识别本底水质，或者传感器是否发生了漂移。因此，对市面上已经发售的单个传感器的基本性能进行了评估（在水质早期预警方面的使用）。测量的参数包括 pH、DO、浊度、游离氯、电导率、ORP、TOC 和离子选择性电极（Cl^-、NO_3^- 和 NH_4^+）。基本结论是，经过适当校准和维修，电导率、TOC 和游离氯监测器漂移很小。因此，这些传感器是用来表征常态或安全情况的理想选择。然而，也发现游离氯会干扰上述一些水质检测参数。此外，该测试还检验了传感器是否可以定性地检测到污染物。注入该系统的污染物包括废水、铁氰化钾、马拉息昂和草甘膦。测试得出的结论是，传感器只能提供污染物类别的一般指示，如无机、有机或产生氯需求的活性物质（EPA，2004）。

美国地质调查局和美国国家环境保护局有一项跨机构研究，在实际现场实施 EWS 测试。调查小组由新泽西地区的美国地质调查局和一家水务公司的科学家和研究人员组成，该测试项目的目的是评估潜在的 EWS 设置地点，基于之前美国国家环境保护局和美国地质调查局的调查工作选择传感器，评估供水系统压力和水质，决定传感器位置，并收集传感器数据。但是，并没有对注入污染物后的供水系统进行测试。这些数据将有助于确定传感器的工作情况，优化传感器的选位，并制定供水系统的水质基准值。

美国国家环境保护局的 WATERS 测试中心的另一项研究调查了现有非专门设计传感器组合的表现，以检测混入废水、地下水、化学混合物和单个化学物质如铁氰化钾、马拉息昂和草甘膦所引起的变化。主要研究了利用传感器的测试信息作为攻击预警的可行性。初步结果表明，水质传感器对测试材料的注入有响应。传感器监测的参数包括氯化物、游离氯、ORP、电导率、TOC 和浊度。在将废水、铁氰化钾、马拉息昂、草甘膦和地下水注入饮用水分配系统模拟器后，这些参数表现出一种独特且一致的信号变化模式。该传感器系统有望在管道回路中引入这些测试材料时快速检测水质变化。由于这些测试材料独特的物理和化学性质，对每种物质都观察到了特定的响应表现。这表明，传感器系统可以提供关于未知污染物的特征信息，并有助于后续使用更复杂的仪器进行识别。通过进一步的优化，传感器系统可以用作 EWS（EPA，2004）。然而，由于测试材料的选择范围较小，需要测试其他类型的污染和污染场景以进一步检验这一结论。

目前，美国国家环境保护局已计划进行多项检验项目，是关于多参数探头的使用、开发和测试的工作。美国国家环境保护局与美国地质调查局签订了跨部门协议，并与 Hach 公司、PureSense Environmental 公司和 YSI 公司发起了 CRADAs。该合作的目标是开发检测设备（如多参数探头）和数据分析软件，便于在当地水务公司的供水管网中安装预警系统。其中多参数探针检测的类型包括 pH、ORP、电导率、余氯和温度。

目前在美国国家环境保护局 WATERS 中心进行的一系列测试正在验证用于供水系统的多参数水监测器的能力。该测试在 EPA-ETV 项目的赞助下进行。在这些验证测试中使用的多参数监测仪由仪器套件组成，包括可以连接或插入到供水系统管道中进行连续监测的仪器套件。这类技术还包括可编程定期自动取样和分析供水系统内样本，以及需要技术人员手动采集样本和进行分析的手持设备技术。监测仪必须能够测量游离氯以及至少一个其他水质参数（例如，碱度、pH、溶解氧、ORP、温度、浊度、电导率、氨、钙、总碳、氯胺）。正在评估多参数水质监测仪的以下参数：

- 准确性：与标准实验室的分析结果进行比较。
- 对单独污染物的反应：检测管道循环水化学污染物的变化（测试的污染物包括丁醛肟威、三氧化二砷、大肠杆菌和尼古丁）。
- 单元间再现性：比较两个同时运行的监视器的结果。
- 易用性：一般操作、数据采集、设置、还原、所需维护。
- 污染物的存在和识别（如果适用）：总共将测试 17 种不同的污染物，通过适当的系统进行识别。

在此系列测试中被验证的检测仪包括：

- Clarion Systems Sentinal[TM]
- Emerson Model 1055 Solu Comp Ⅱ Analyzer
- Man-Tech TitraSip SA (multi-parameter but not online)[204]
- Hach Event Monitor[205]
- Analytical Technology, Inc., Series C15 Water Quality Monitoring Module

几家制造商正在探索形成完善的监控方案。利用来自多参数连续监测设备的数据，其中一家公司测试了一些潜在的水体污染物，以努力建立能够提供检测和初步特征识别方法。其分析了 60 种污染物（化学品、毒素、生物因子），以进行可能的检测。传感器包括 pH、氯、电导率、浊度和 TOC。传感器对各种污染物都有响应反应，然而，一些污染物在有害浓度之下不会触发传感器响应。制造商已经开发了一种触发算法，当水体的条件偏离预期的基线参数值时，就可以启动警报。由于公共项目经常经历水质的变化，因此这种系统总是存在误报问题（King，2004）。

2004 年 10 月，美国陆军和 Hach 公司签署了一项 CRADA，以在 2004 年年底之前完成对陆军新的实时水安全检测和响应技术的测试。根据协议，ECBC、陆军工程兵兵团和 Hach 公司将使用 Hach 监测设备（GLI International panel、Cl-17、浊度计、pH 和电导率以及 Hach 的 TOC 监测器）进行现场测试，以检测系统对饮用水供水系统的恐怖袭击的响应情况。ECBC 是美国少数几个可以对实际化学和生物污染物测试的地点之一。在那里对实际的化学和生物污染物进行测试。该技术计划于 2005 年进行商业化生产，目前处在等待验证测试状态。

表 9-1 提供了对供水系统中特定水质参数探头的评估。表 9-2 总结了探头（当前可用的或可能适用的）与 EWSs 的所需特性进行比较（如第 3 部分所述）。

表 9-1　水质参数监测器的评价

技术	生产商	评价
多参数传感器		
Model A 15/B-2-1-Free Chlorine	Analytical Technology, Inc.	这是一种使用极谱分析法监测游离氯的在线传感器，基线稳定性和灵敏度低于 Hach 的 AquaTrend Panel，其也被应用于氯的监测
Hach TOC process analyzer	Hach	这是一种使用紫外线过硫酸盐氧化法来监测总有机碳的在线传感器。当对所有污染物进行测试时，有较好的基线和高灵敏度。成本为 3 万美元，比该研究中测试的大多数其他设备都要贵
International Model 5500 Dissolved Oxygen	GLI	这是一种使用膜电极法监测溶解氧浓度的在线传感器
Ion Selective Electrodes	Various vendors	氯化物、硝酸盐和铵的分析仪没有差异。硝酸盐电极暴露于氯离子后校准会失效。氯化物和铵离子传感器会在 3～6 个月失效。同时建议使用三点校准
Specific-Conductance	Various vendors	不同供应商的产品没有较大区别。易于校准，清洗环形碳电极要小心
Dissolved Oxygen	Various vendors	低流量技术相比较大的流通池没有带来更多优势。基于平面传感技术的溶解氧传感器随着氯离子的突变而出现正偏差。芯片的故障率高于制造商的预期

续表

技术	生产商	评价
Oxidation-Reduction	Various vendors	不同供应商的产品性能类似，ORP 稳定，其他传感器（pH/电极）组合使用，通常很少出现故障
pH	Various vendors	在含氯水体中故障大约为 6 个月 1 次（平面传感器在 1～2 个月内出现故障，并且需要至少每周校准 1 次）
Temperature sensor	Various vendors	很少出现故障
Turbidity Monitors	Various vendors	在适当清洁时非常稳定（清洁程序较为烦琐，但每季度只需清理 1 次。校准需要操作员具有一定的经验。当振动或压力变化时，会出现一些误读数）
Free Chlorine	Various vendors	如果保养得当比色法会十分稳定，但采样需要间隔 3 min。极谱法技术稳定可靠，但必须每 2 个月更换 1 次膜并需要严格清洗才能保持稳定。平面测量则经常出现故障
Total Organic Carbon	One vendor	非常稳定，但需要操作经验
Six-Cense™ continuous monitor	Dascore	该在线传感器监测溶解氧、游离氯、ORP、pH、电导率和温度。在监测 ORP、电导率和游离氯时，其基线并不稳定
AquaTrend panel	Hach	该在线传感器监测游离氯、pH、电导率、温度和浊度。对于游离氯检测，与 ATI 和 Dascore 的游离氯传感器相比，显示出最高的灵敏度和最稳定的基线。具有最稳定的浊度监测基准线。总体来说，Aquatrend 在本检验中测量的所有参数中，都几乎显示出一致的测量值、稳定的基准线和更高的灵敏度
DataSonde 4a	Hydrolab	该在线传感器监测氨氮、氯离子、溶解氧、硝酸盐氮、ORP、pH、电导率、温度和浊度。在测量 ORP 方面比其他传感器表现更好
In-Situ Model Troll 9000	In-Situ	该在线传感器监测溶解氧、ORP、pH、电导率、温度和浊度。在测量 ORP 时，我们注意到 In-Situ 模型的故障率高于其他传感器
Signet Model 8710	Signet	该在线传感器监测 ORP 和 pH

续表

技术	生产商	评价
YSI Model 6 000 continuous monitor	YSI	该在线传感器监测氨氮、氯离子、溶解氧、硝酸盐氮、ORP、pH、电导率、温度和浊度。YSI 模型显示氨氮和硝酸盐氮监测的基线更为稳定，对氯化物监测的敏感度更高。总体来说，YSI 模型在本研究中测量的所有参数都几乎显示出一致的测量值、稳定的基准线和更高的灵敏度
Zero Angle Photon Spectrometer MP-1	Oregon State University	该在线传感器使用光学测量来监测细菌荧光、腐殖质荧光、硝酸盐氮、总荧光、透射率和 245 nm 紫外吸光度
STIP-scan	STIP Isco GmbH (Germany)	UV/V 是一种光谱传感器，能够同时测量硝酸盐、COD、TOC、光谱吸收系数（SAC254）、总固体量、污泥体积、污泥体积指数和浊度

资料来源：EPA，2004a，2004b。

表 9-2　水质监测器与所需的 EWS 特性的比较

产品	描述	污染物范围	设备类型	代价/美元	操作人员技能要求	分析时间/min	当前是否可用	评价
Various Specific Conductance probes	单参数水质监测	电导率	在线设备	1 200	低	<5	可用	EPA WATERS
Various Dissolved Oxygen probes	单参数水质监测	溶解氧	在线设备	1 600	低	<5	可用	EPA WATERS
Various Oxidation-reduction probes	单参数水质监测	ORP	在线设备	1 450	低	<5	可用	EPA WATERS
Various pH probes	单参数水质监测	pH	在线设备	1 400	低	<5	可用	EPA WATERS
Various Temperature sensors	单参数水质监测	温度	在线设备	1 100	低	<5	可用	EPA WATERS

续表

产品	描述	污染物范围	设备类型	代价/美元	操作人员技能要求	分析时间/min	当前是否可用	评价
Various Turbidity monitors	单参数水质监测	浊度	在线设备	1 100	中等	<5	可用	EPA WATERS
Various Free Chlorine monitors	单参数水质监测	氯	在线设备	3 000	低	<5	可用	EPA WATERS
Various Total Organic Carbon monitors	单参数水质监测	TOC	在线设备	25 000	中等	3~15	可用	EPA WATERS
Hach TOC Process Analyzer	单参数水质监测	一般有毒化学品	在线设备	30 000	低，自动化	3~15	可用	EPA WATERS
Hach Water Distribution Monitoring Panel	多参数水质监测	一般有毒化学品	在线设备	13 500	低，自动化	<5	可用	EPA WATERS
Diascore, Inc., Six-Cense™ continuous monitor	多参数水质监测	一般有毒化学品	在线设备	9 700	低，自动化	<5	可用	EPA WATERS
Emerson Model 1055 Solu Comp Ⅱ Analyzer	多参数水质监测	一般有毒化学品	在线设备	无法从网站上获得	低，自动化	<5	可用	无
Analytical Technology, Inc., Series C15 Water Quality Monitoring	多参数水质监测	一般有毒化学品	在线设备	无法从网站上获得	低，自动化	<5	可用	无

产品	描述	污染物范围	设备类型	代价/美元	操作人员技能要求	分析时间/min	当前是否可用	评价
Analytical Technology Inc Model A 15/B-2-1	单参数水质监测（无氯）	一般有毒化学品	在线设备	3 700	低，自动化	<5	可用	EPA WATERS
Clarion Systems' Sentinel	多参数水质监测	一般有毒化学品	在线设备	无法从网站上获得	低，自动化	<5	可用	无
GLI International Model 5500	单参数水质监测（溶解氧）	一般有毒化学品	在线设备	3 700	低，自动化	<5	可用	EPA WATERS
Hydrolab DataSonde 4a	多参数水质监测	一般有毒化学品	在线设备	15 000	低，自动化	<5	可用	EPA WATERS
Hach AquaTrend panel	多参数水质监测	一般有毒化学品	在线设备	12 800	低，自动化	<5	可用	EPA WATERS
In-Situ Model Troll 9000	多参数水质监测	一般有毒化学品	在线设备	11 200	低，自动化	<5	可用	EPA WATERS
Signet Model 8710	多参数水质监测	一般有毒化学品	在线设备	830	低，自动化	<5	可用	EPA WATERS
YSI Model 6000 continuous monitor	多参数水质监测	一般有毒化学品	在线设备	15 000	低，自动化	<5	可用	EPA WATERS
STIP-scan	多参数水质监测	一般有毒化学品	在线设备	无法从网站上获得	低，自动化	<5	适用	无
Clarion Systems' Sentinel	多参数水质监测	一般有毒化学品	在线设备	无法从网站上获得	低，自动化	<5	可用	无

9.3.1 问题和差距

下面的讨论强调了在 EWS 中使用多参数水质监测器方面存在的各种问题和差距。

需要提供基线数据

尽管研究已经验证了使用水质参数波动作为污染事件发生信号的概念，但可能需要为每个独立系统收集数月或数年的基线数据来校准警报触发器。这很可能会十分昂贵，因此需要解决预算方面的影响。需要识别与每日、季节性和事件（如风暴等）相关的波动，以确保这些波动不会与污染事件相混淆。因此，具有高度波动性的水源系统对基线数据可能有相当大的干扰。

需要制定污染物识别特征

已经开始研究建立污染物识别特征；然而目前所检测的污染物数量有限，这降低了该识别特征是唯一的可信度。污染物的类别可能是可识别的，但是否可以识别广泛的特定污染物尚未确定。水质的定期变化可能是导致误报的一个因素。此外，尚不清楚是否存在生物污染物的特定特征。

需要进行数据存储和操作

对于连续实时监测器，原始数据的规模可能过大而无法生成电子表格以及适合手动操作。收集如此大量数据的监测器将需要定制软件（供应商通常提供）进行数据分析。相关企业可以选择以压缩形式归档的摘要数据，以满足以后可能的需求。对于本报告中（见第 5 部分至第 8 部分）所回顾的许多技术和设备，生成的数据数量不会构成重大问题。然而相关公司应该注意，如果计划进行升级，需要注意他们的系统能够处理到什么程度。第 4 部分介绍了存储和分析数据的方法。

系统造价昂贵

并非所有易受到攻击的有关部门和公司都能负担得起使用目前被评估为 EWSs 的监控系统。由于竞争和技术进步而导致的价格下降可能会在未来改善这种情况，但在此期间，财政资源有限的公共部门和公司在实施在线水质监测时将面临财政预算挑战。

成本决策

目前的多参数设备在没有 TOC 时的成本约为 1 万美元。尽管 TOC 是一个有价值的参数，但增加 TOC 单元将增加 1.8 万～2.9 万美元。需要确定将此技术纳入 EWS 的成本及收益关系。现有与 SCADA 系统相连的 10 个微探针监测器（无 TOC）基本系统的估计成本约为 15 万美元，加上每年 6 万美元的运行成本（DSRC Meeting，2004）。

表 9-3 提供了多参数水质监测器的性能、问题和差距。

表 9-3　作为 EWS 的水质监测

性能	问题和差距
①水质参数一般来说可靠、准确 ②供水公司认为培训和维护需求是合理的 ③已经证明能够识别的一些化学污染物 ④多家公司有大量的多参数监测器 ⑤一些机构在供水系统中有使用的经验 ⑥重要的系统测试正在进行中，并将进一步评估作为 EWS 组件的使用情况 ⑦造价相对便宜 ⑧参数的选择将决定其有效性 ⑨游离氯传感器在 EPA WATERS 实验室的污染物测试结果最好	①需要定期校准水质波动的基准数据 ②需要污染物的识别特征 ③需要大规模的数据存储和操作 ④根据所选择的参数，系统的安装和操作，其成本可能很高 ⑤系统尚未针对化学战进行演示，但已计划未来的发展方向 ⑥易于放置，但根据风险评估（空间限制、设备保护）可能会对放置造成困难。此外，位置可能会受到水源混合和常规 / 意外水质波动造成的干扰因素影响

9.3.2　结论和建议

鉴于目前多参数技术的发展阶段并基于初步的 EPA 测试，在监测供水系统方面表现稳定的参数包括氯（ISE）、电导率（电极）、浊度、游离氯和 ORP。TOC 看似十分重要，但对 TOC 的监测成本很高。制造商正在开发传感器探头和监控系统，这些探头包括游离氯和总氯、pH、温度、电导率、氯化物、硝酸盐、浊度和 ORP。每个探测器的成本从几百美元到几千美元不等。

一些初步的证据表明多参数监测技术的使用可以检测到系统中的异常。然而，关注误报以及该系统是否可以发现恐怖蓄意污染的担心也是合理的，仅仅是收集基准线数据的成本就可能非常昂贵。目前，这些技术需要证明其检测生物污染物或危险化学品的能力，或开发现场表现的跟踪记录（例如，这些系统与生物膜一起的表现如何）。在广泛推荐使用之前，需要在现场进行额外的测试。例如，还没有测试过氯胺化系统。2006 年和 2007 年，新泽西州的美国地质调查局、美国国家环境保护局和一家水务公司进行的全面测试，可能有助于阐明人们对于系统误报的担忧以及系统是否可以在正常水质波动的情况下运行。

Hach 和其他公司开发的用于识别污染物或污染物类别的识别特征很难被独立评估或验证，因为他们的方法和算法是有专利保护的，因此研究界无法使用。由于这些方法进行了额外的测试并确认了其性能，因此建议在使用这些独特识别方法时无须多虑。此外，美国国家环境保护局、美国地质调查局、美国陆军和其他组织仍在评估用于监测和识别污染物的水质参数的测验。然而，迄今为止，尚未对具有这些多参数组件的完整 EWS 进行现场测试。这无疑增加了目前建议使用这些基于水质参数 EWSs 的谨慎态度。

9.4 化学传感器的评价

在"9·11"事件发生之前，用于检测蒸汽或空气中的化学物质/毒素的在线连续传感器和手持传感器就已经在市场上投入使用。在认识到遭受恐怖袭击的不安全因素后，CBW 传感器的潜在用户数量大大增加。有关公司和研究人员正在快速开发相关技术和产品，以满足不断增加的终端用户群的需求。

- 微芯片和微流体技术通过传统使用方法（如 GC）的小型化，以及新使用方法的设计，正在推进传感器领域的发展。
- 便携式和在线气相色谱仪可供应急人员使用。GC 可以可靠地识别范围广泛的 VOC，一些便携式 GC 已经在 EPA 的 ETV 项目下进行了测试。在这些项目中，在线 GC 已被用于供水系统。
- 利用细菌来检测毒素的试剂盒已经完成开发并用于饮用水系统。一些套件已经在 ETV 计划下得到了验证。
- 水蚤、贻贝、藻类和鱼类已经被纳入已处理废水和水源水的毒素传感器中。然而迄今为止，只有一种基于贻贝和一种基于鱼类的系统被用于监测氯化饮用水。
- 红外光谱、离子迁移光谱、表面声波和聚合物复合化学电阻技术已被整合在便携式设备中，可用于识别多种有毒化学物质。
- 在光纤电缆上涂上传感材料，此设计用于水和空气中的柔性传感器。

美国国家环境保护局的 ETV 项目已经调研了一批对化学污染物敏感的传感器。一些企业及部门具有在供水系统中使用生物传感器测试样本的经验以及在供水系统中使用便携式 GC 的经验。

以下为对特定的化学检测装置的评估，从砷和氰化物开始，之后是其他检测器系统。表 9-4 总结了化学探测器（仅限于那些目前可用或潜在可适用的探测器）与 EWS 的期望特性（如第 3 部分所述）之间的差别。

砷传感器

有两种基本类型的技术被用于商业测试，其都已经得到了美国国家环境保护局 ETV 项目的第三方验证。第一种涉及显色反应试剂盒（已评估 3 家制造商），第二种采用阳极溶出伏安法（ASV；评估了两家制造商）。Industrial Test Systems 公司（Rock Hill，SC）制造的砷监测仪，几乎不会受高、低水平干扰物的影响。检测的误报概率非常小，但假漏报概率有所变化。ETV 测试人员注意到误差来源是当样品的浓度超过最佳检测值时，由于在现场检测中难以进行精确稀释，相关结果的范围准确度和精密度都会降低。

由 Peters Engineering（Austria）制造的 AS75 砷检测试剂盒测试结果显示，低、高水平的干扰物都不会影响砷的检测结果。误报及漏报率低。ETV 的测试人员发现的主要问题是试剂片需要长达 1.5 小时才能溶解。

Envitop 公司（Oulu，Finland）制造的 As-Top Water 测试套件的砷监测不受干扰物影响。操作员的技能水平是影响 As-Top Water 测试套件的重要因素。非技术人员很难检测到砷，即使是面对含砷超过 90ppb 的样品。技术人员更容易检测到砷的含量，尽管很少能与参考方法确定的浓度相同。ETV 测试人员发现的主要问题为指示器上的颜色与比较色卡上的颜色并不完全对应。

Monitoring Technologies International 有限公司（Perth，Australia）提供的 PDV 6000 便携式分析仪使用阳极溶出伏安法（ASV）来测量水中的砷。ETV 测试人员指出，分析仪操作手册中的操作说明难以遵循。这表明操作 PDV 6000 分析仪和相关软件的经验可能会影响结果的可信度。低和高水平的干扰物（铁和 / 或硫化物）会对砷的检测产生影响。

另一个采用 ASV 技术的设备是由 Trace Detect 公司（Seattle，Washington）制造的 Nano-Band™ Explorer。ETV 测试人员指出，Nano-Band™ Explorer 几乎不受添加到样品中的基质干扰。然而，来自两家不同公司的操作人员的检测数据完全不同，非技术操作人员检测的 16 个样本中都没有检测到砷。

表 9-4 化学传感器与所需的 EWS 特性的比较

产品	描述	检测污染物范围	设备类型	成本	操作者所需技能	分析时间/min	灵敏度	目前是否可用	验证
Arsenic detection devices	显色反应或阳极溶出伏安法（ASV）	砷	便携式	100~350美元（显色反应）；8 000美元（ASV）	低（显色反应）；高（ASV）	15 min~1 h	<10×10⁻⁹	可用	EPA-ETV
Cyanide detection devices	色度计或离子选择电极	游离氰化物	便携式设备	500~1 500美元	低	15~30 min	<0.1 mg/L	可用	EPA-ETV
INFICON Scentograph CMS500	自动气相色谱仪	挥发性有机物	在线设备	无法从网站获取	低	30~60 min	×10⁻⁹	可用	无
INFICON Scentograph CMS200	气相色谱仪	挥发性有机物	便携式设备	无法从网站获取	高	30~60 min	×10⁻⁹	可用	无
INFICON HAPSITE®	气相色谱-质谱仪	挥发性有机物	便携式设备	75~5 000美元	高	30~60 min	×10⁻⁹	可用	EPA-ETV, AwwaRF
Constellation Technology Corp CT-1128	气相色谱-质谱仪	挥发性有机物	便携式设备	无法从网页获取	高	无法从网页获取	×10⁻⁹	可用	无
Severn Trent Field Enzyme Test	快速酶抑制	杀虫剂及神经毒剂	便携式设备	无法从网页获取	低	5 min	×10⁻⁹	可用	AwwaRF

续表

产品	描述	检测污染物范围	设备类型	成本	操作者所需技能	分析时间/min	灵敏度	目前是否可用	验证
Severn Trent Eclox™	酶抑制	化学物质和生物毒素	便携式设备	7 900美元	低	5 min	$\mu g/L\sim mg/L$	可用	EPA-ETV, AwwaRF
Randox Laboratories Aquanox™	酶抑制	化学物质和生物毒素	便携式设备	无法从网站获取	低	无法从网站获取	无法从网站获取	可用	无
Lab_Bell inc. LuminoTox	光合酶复合物抑制	化学物质和生物毒素	便携式设备	无法从网站获取	中等	<15 min	$\times 10^{-9}$	可用	无
Harvard BioScience, Inc. MitoScan	亚线粒体颗粒抑制	化学物质和生物毒素	便携式设备	无法从网站获取	中等	30 min	无法从网站获取	可用	无
Check Light LTD ToxScreen-II Rapid Toxicity Test	生物监测器（细菌）	丁醛肟威、秋水仙碱、氧化物、百效磷、硫酸铊、肉毒杆菌、能麻毒素、系蓖及VX	便携式设备	试剂盒-300美元；系统-2 895美元	低	30 min	$<\times 10^{-6}$	可用	EPA-ETV
Hidex Oy BioTox Flash™	生物监测器（细菌）	有毒物质	便携式设备	试剂盒-128美元；系统-8 900美元	高	5～30 min	无法从网站获取	可用	EPA-ETV
Strategic Diagnostics Inc DeltaTox®	生物监测器（细菌）	有毒物质	便携式设备	系统-5 900美元；试剂盒-370美元	低	5～15 min	100 CFU/mL	可用	EPA-ETV

续表

产品	描述	检测污染物范围	设备类型	成本	操作者所需技能	分析时间/min	灵敏度	目前是否可用	验证
Strategic Diagnostics Inc MicroTox®	生物监测器（细菌）	有毒物质	固定式设备	试剂盒-360 美元；系统-17 895 美元	低	15 min	无法从网站获取	可用	EPA-ETV none
Hach ToxTrak™ Rapid Toxicity Testing System	生物监测器（细菌）	有毒物质	便携式设备	试剂盒-380 美元；系统-3 950 美元	低	45 min	无法从网站获取	可用	EPA-ETV
InterLab Supply POLYTOX™	生物监测器（细菌）	有毒物质	便携式设备	试剂盒-147 美元；系统-1 600 美元	低	20 min	无法从网站获取	可用	EPA-ETV
SYSTEM Srl. microMAX-TOX	生物监测器（细菌）	有毒物质	在线设备	信息不可用	信息不可用	消息无法使用	信息不可用	可用（预计为2005 年）	无
Delta Consult MusselMonitor®	生物监测器（贻贝）	有毒物质	在线设备	2 300 美元	低	20 min	参见网站了解 26 种污染物	可用	无
Biological Monitoring Inc. Bio-Sensor®	生物监测器（鱼类）	有毒物质	在线设备	无法从网站获取	低	< 1 h	无法从网站获取	可用	无

产品	描述	检测污染物范围	设备类型	成本	操作者所需技能	分析时间 / min	灵敏度	目前是否可用	验证
Aqua Survey IQ Toxicity Test™	生物监测器（水蚤）	有毒物质	便携式设备	2 400 美元（启动套件）；400 美元（维护套件）	中等	75 min	无法从网站获取	可适用	EPA-ETV
bbe moldaenke Daphnia Toximeter	生物监测器（水蚤）	有毒物质	在线设备	无法从网站获取	低	<30 min	无法从网站获取	可适用	无
bbe moldaenke Algae Toximeter	生物监测器（藻类）	有毒物质	在线设备	无法从网站获取	低	<30 min	无法从网站获取	可适用	无
bbe moldaenke Fish Toximeter	生物监测器（斑马鱼）	有毒物质	在线设备	无法从网站获取	低	<30 min	无法从网站获取	可适用	无
US Army Center for Environmental Health Research	生物监测器（蓝鳃鱼）	有毒物质	在线设备	无法从网站获取	信息不可用	1 h	无法从网站获取	可适用	无
Lumintox Gulf L.C. Lumintox	生物监测器（蓝细菌）	有毒物质	便携式设备	无法从网站获取	低	2~4 h	无法从网站获取	可适用	无
SensIR Technologies HazMatID™	傅里叶变换红外衰全反射光谱	有机化学品，生物污染物	便携式设备	无法从网站获取	低	10 min	化学物质 100×10^{-6}	可适用	无

续表

产品	描述	检测污染物范围	设备类型	成本	操作者所需技能	分析时间/min	灵敏度	目前是否可用	验证
ITN X-Ray fluorescence	金属	在线设备	无法从网站获取	信息不可用	无法从网站获取	无法从网站获取	可适用	无	
Smiths Detection SABRE 4000	离子迁移光谱（IMS chemiresisto）	易爆物、化学制剂、有毒化学品	便携式设备	无法从网站获取	低	< 1 min	>5×10⁻⁹	可适用	无
Cyranose® 320	高分子复合化敏电阻器 polymer composite	蒸汽形式的有毒化学物质	便携式设备	无法从网站获取	无法从网站获取	无法从网站获取	可适用	无	
Cyrano Sciences Nosechip™	高分子复合化敏电阻器	蒸汽形式的有毒化学物质	在线设备	无法从网站获取	无法从网站获取	无法从网站获取	可适用	无	

氰化物传感器

商用测试中使用了两种基本类型的技术（比色和固体传感元件），这两种技术都已通过美国国家环境保护局 ETV 计划的第三方验证。这两种技术都用于现场快速分析水中氰化物的便携式设备。ETV 测试的所有 4 种便携式比色仪的一个共同问题是：在极冷的条件下（样品水温 4~6℃）进行分析会对试剂的性能产生负面影响。此外，对于所有 4 种色度指标，当存在有致死量的氰化物时，可以看到颜色的剧烈、快速变化，而不需要通过色度计进行读数，从而可以在水中快速检测到致死量的氰化物。使用 VVRV-1000 多分析光度计，技术操作者与非技术操作相比有轻微的偏差。获取和分析一个样本大约需要 17 min。使用 1919 SMART2 色度计，技术和非技术操作者不会影响检测结果。对于 Orbeco-Hellige 公司（Farmingdale，NY）的 Mini-Analyst Model 942-032，制造商建议将水样的 pH 调整到 6.0~7.0。但由于气态氰化氢可以在 pH 低于 9.0 时释放，因此从安全的角度来看，这种调整是不可取的，特别是在存在致命 / 接近致命浓度的氰化物的情况下。虽然设备易于运输，样品制备说明清晰，但液体吡啶试剂有恶臭气味，试剂颗粒不易获取。此外，操作人员表示，在分析过程中跟踪混合和等待时间也较为不便。不同的操作人员检测数据有轻微的偏差。技术与非技术操作者使用 Thermo Orion（Beverly，MA）的 AQUAfast® IV AQ4000 色度计的结果偏差较小。使用固体传感元件的 Thermo Orion 9606 型氰化物电极在每个样品测试前需要进行校准和电极抛光。未评估不同操作者在操作时的偏差。此外，WTW Measurement Systems（Ft. Myers，FL）使用固体传感元件的氰化物电极 CN 501，附加了 R503D 和 Ion Pocket Meter 340i（WTW ISE）两个参比电极，但其操作手册难以理解。对 WTW 进行了 1 个小时的电话咨询后才能操作 WTW ISE。未评估不同操作者的在操作时的偏差。

Delta Consult 公司制造的 MosselMonitor®

MosselMonitor® 被用来检测毒素。MosselMonitor® 的主要问题是要监测水体（快速运行的地表水、地下水）中贻贝的食物含量较低。因此开发了一种"自动喂食装置"（AFD），其通过流通系统自动、连续地向贻贝喂食藻类。由于贻贝对氯非常敏感，因此在水中添加硫代硫酸盐可以最大限度地减少游离氯的影响（Jan de Maat，Delta Consult，个人交流）。由于该设备已经进行了调试，布达佩斯自来水厂现在已经成功地将 MosselMonitor® 用于监测氯化饮用水达 10 个月之久。

Severn Trent Services 公司制造的 Eclox™

Eclox™ 可以检测化学物质和生物毒素。其污染物样本的分析十分简单，且只需要 5 min。可以检测污染物浓度 μg/L 到 mg/L 的限度，但结果的重现性并不完全一致。与类似的检测装置 Microtox® 相比，该装置产生的实际污染物值在不同类型的水中可能会有所不同，特别是在蒸馏水中。因此有必要建立特定地点的基准值（States，2004）。在另一项研究中，清洁的氯化水样和氯胺化水样对光的抑制作用非常低，这表明饮用水中可能存在的消毒副产品不会干扰 Eclox™ 的检测结果。但是对于致死剂量的索曼毒素和肉毒杆菌毒素产生了漏报。Eclox™ 易于运输和现场操作，并且检测数值与实验室比对结果相近（EPA-ETV，2004）。

Strategic Diagnostics 公司制造的 MicroTox® 和 DeltaTox®

MicroTox® 和 DeltaTox® 可检测化学物质和生物毒素。污染物样品的分析难度适中，并且需要 45 min。经过评估证明铜对于该设备来说是一种潜在的干扰物。污染物浓度检测限度可以从 μg/L 到 mg/L，但结果的可重复性并不一致。与类似的检测设备 Eclox™ 相比，该装置产生的实际污染物值在不同类型的水中可能会有所不同，特别是在蒸馏水中，因此有必要建立特定地点的基准值（States，2004）。在另一项研究中，MicroTox® 在检测清洁的氯胺水时有会产生误报，但在检测清洁的氯化水时没有。当检测致死剂量时，测试的一半污染物会产生漏报。MicroTox® 的操作对于实验室操作来说相对容易。且本产品为非便携式。对于 DeltaTox®，在测试清洁氯胺水时产生了误报结果，但在测试清洁氯化水时却没有。当检测致死剂量时，超过一半的测试污染物都产生了漏报结果。DeltaTox® 操作简单，易于现场运输（EPA-ETV，2004）。

Checklight 公司制造的 Tox Screen Ⅱ

当使用有机缓冲液时，通过氯化或氯胺消毒的水中产生的少量光可能会干扰 ToxScreen Ⅱ 的结果，从而导致误报。此外，脱氯过程中残留的硫代硫酸钠可能也会导致这样的结果。当使用金属缓冲液时，只要使用类似的参考样品，任何一种工艺消毒的水都不太可能干扰 ToxScreen Ⅱ 的检测结果。ToxScreen Ⅱ 的操作相对简单便于运输，并且检测数值与实验室比对结果相似（EPA-ETV，2004）。

Hach 公司制造的 ToxTrak™

在 7 月时对使用氯化法净水的系统样品进行了分析，另一半在 9 月进行了分析。在 7 月的分析中存在明显的抑制作用，而在 9 月的分析中相同的样品在很大程度上表现为非抑制性。由于以前的氯化水干扰，存在一定误报的风险。然而这些结果存在差异的原因尚不清楚。由于水样中含有铁，这也导致了误报结果。当测试含有致死剂量的污染物样本时，就会出现漏报结果。ToxTrak™ 易于操作，并且为便携式设备，但 ToxTrak™ 试剂必须在 35℃ 的环境下反应一晚，这对现场部署可能造成一定影响（EPA-ETV，2004）。

Aqua Survey 公司制造的 IQ Toxicity Test™

铝、铜和铁是该设备的潜在干扰物，因其会对 90%～100% 的水蚤生物产生不利影响。此外，所有暴露于氯胺消毒系统中饮用水的水蚤都会受到不利影响，因此会产生误报结果。然而，使用氯化法的饮用水系统的水样却不会对水蚤产生影响。在使用此测试时，没有发生过误报结果。IQ Toxicity test™ 说明手册易于理解，并且该测试是便携可移动的，但必须确保水蚤的数量，以便临时现场测试（EPA-ETV，2004）。

Hidex Oy 公司制造的 BioToxFlash™

铜和锌会抑制细菌代谢，这可能会干扰 BioTox™ 的检测结果。使用氯化水样品时可能会产生较大的抑制作用，可能导致误报结果，而使用氯胺水样品时则存在漏报的风险。BioTox™ 是现场便携式仪器，但操作 BioTox™ 需要一个平坦、稳定的表面。ETV 测试人员发现没有说明书就很难操作 BioTox™，但一旦掌握了正确的操作程序，就会变得易于使用（EPA-ETV，2004）。

Interlab Supply 有限公司制造的 POLYTOX™

如果没有与测试水样相似的基质的基准水样，在干净的氯胺水中分析 POLYTOX™ 会产生较大的的有机体呼吸抑制，从而导致误报结果的风险增大。在干净的氯化水中，抑制作用足够低，不会产生影响。当以致死剂量检测时，超过一半的测试污染物会产生漏报结果。POLYTOX™ 为便携式仪器，ETV 测试人员可以轻松操作（EPA-ETV，2004）。

Severn Trent Services 公司制造的 Pesticide/Nerve Agent

Pesticide/Nerve Agent 是一种检测农药和神经毒剂的快速酶试方法。样品分析在 5 min 内完成，而且过程十分简单。该测试易于对浓缩或非浓缩样品水进行（States，2004）。

INFICON 公司制造的 HAPSITE®

HAPSITE® 是一种可现场部署的气相色谱－质谱仪（GC-MS），用于检测在有毒物质和化学制剂中的挥发性有机物。最近增加的原位探针和捕获取样装置可以对水样进行分析。该设备的气相色谱用于检测分子量在45～300 的挥发性物质，设备的质谱部分可以从 170 000 个有机化合物的数据库中识别化合物（States，2004）。样本分析需要 60 min，且操作过程烦琐。该系统已部署在 1 个供水系统中，并可作为个案研究。

9.4.1　问题和差距

本节重点介绍使用化学探测器对已净化饮用水进行早期预警的各种问题和现有差距。

某些现有技术的成本很高

GC-MS 等在线和便携式设备都很昂贵，价格在 7.5 万美元到 9.5 万美元不等。

现场测试套件不是最佳的识别方式

由美国国家环境保护局 ETV 检测的细菌检测试剂盒有很高的误报和漏报率。试剂盒的常见缺点是试剂的稳定性。通常试剂需要溶解（如果其为冻干粉末）或仔细量取不同的反应成分，以配备有效的反应混合物。由于操作人员的操作经验不同，很难以一致的方式混合和移液，导致会有结果上的差异。因此在检测时需要训练有素的人员，并建立严格的标准，如培养对数生长期的细菌。研究结果并不能提供对毒素的特异性鉴定。虽然这些试剂盒可能适用于确认毒素的存在，但还需要使用其他检测方式进一步来进行特异性鉴定。

一些检测方法面临着来自氯残留物的挑战

基于生物体的生物监测器对饮用水中的氯的残留物很敏感。尽管基于鱼类的 Bio-Sensor® 和 MosselMonitor® 可以去除氯，但广泛适用的除氯方法尚未被研发出来。目前 Checklight 公司正在开发一种除氯系统，但尚未证明除氯是否会对其他生物传感器产生影响。

许多技术尚未被证明适用于水

正在积极寻求将便携式红外光谱、离子迁移率光谱、表面声波和聚合物复合化学电阻技术用于空气和蒸汽的应用，但尚未专门开发用于饮用水的监测。如果公司的市场研究证明其有潜在的市场，这些技术就将会被研究并应用于水质监测。

表 9-5 简要介绍了化学传感器技术的功能、问题和差距。

表 9-5　化学传感器技术

方法	功能	问题和差距
Arsenic and cyanide probes	建立了砷 / 氰化物监测仪 耐用 有 ETV 报告	1 次只确定 1 个参数 需要解决一些问题（可靠性）
GC	范围性检测 VOCs 在线饮用水监控系统	昂贵 不能广泛用于饮用水
Enzyme Inhibition	检测化学物质（酚、胺、重金属） 检测对胆碱酯酶有毒性的物质（神经毒剂和杀虫剂） 便携式（套件）	需要配备溶液和移液 氯残留物的干扰（误报及漏报的来源）
Bacterial biomonitors	检测对细菌有毒性的物质 便携式（套件） 有 ETV 报告 在线饮用水监控服务	需要配备溶液和移液 误报和漏报率较高（ETV 报告） 氯残留物的干扰
Daphnia, fish, algae biomonitors	检测对水蚤、鱼类或藻类有毒的物质 在线监测源头水和处理废水	氯的残留物会对生物体产生不良影响
Mussel and fish biomonitors	检测对贻贝或鱼类有毒的物质 可以装备在线系统 在一些供水系统中使用	不适用于饮用水 没有第三方验证
Eukaryotic cell and tissue biomonitors	可能检测到对人体细胞有毒的物质	新兴技术，目前商业产品不可用
Fiber optic cable-based sensors	检测有毒化学物质 可为供水系统设计在线系统 可以覆盖大面积及连续的区域	新兴技术 大多数先进的产品为空气设备
Infrared	识别物质的范围广 便携式（手持式）	基质干扰需要使用萃取方法 不明物质必须进行浓缩
Ion mobility	检测范围广泛的化合物（爆炸物、化学制剂、有毒工业化学品或麻醉物质） 便携式（手持式）	昂贵 为蒸汽开发的传感器，需要辅助设备

续表

方法	功能	问题和差距
SAW-based sensors	检测 VOCs、爆炸物、非法药物和化学制剂 地下水监测在线系统	MEMS-SAW 是一种新兴的技术 水中的应用落后于空气中的应用
Microchip chemoresistors	检测多种 VOCs 便携式	为蒸汽开发的传感器，需要辅助设备

9.4.2　结论和建议

便携式技术（如气相色谱法）可应用于许多可能的化学污染物分析。随着高科技设备基于微芯片技术（例如 nose chip）这一领域的发展。某些生物监测仪可以设计为便携式并用于现场监测。但进行此类分析时必须去除氯的影响。现有可靠的技术比如砷和氰化物探针这样的特殊探针，可以有效地检测小范围的污染物。此外，在线技术不具有成本效益，而且不可用。GC 和离子迁移存在成本和技术上的难题。目前在相关部门及公司在供水系统中使用高科技 GC 的经验尚未确定是否具有成本效益以覆盖供水系统。

如果可以解决氯和氯胺残留干扰的问题，某些生物监测器可能会很有前景。例如，贻贝监测器最近已在欧洲的净化过的饮用水中得到了展示。也有各种尝试使其他监测器（MicroTox® 和 ToxScreen）适用于净化的饮用水。贻贝监测器可能是美国国家环境保护局 ETV 项目验证的一个不错的候选方案，可能已经用于实验室和 / 或对净化过的饮用水、CBR 替代物或药剂的研究。在未来 3 年，该领域将在成本效益和可靠性方面进一步发展。一些新技术（如微芯片）可能会彻底改变饮用水化学检测领域。

9.5　微生物传感器的评价

目前快速微生物检测技术的发展程度不如化学检测技术。然而，在过去的几十年里，分子生物学、基因组学和微流体技术的进步激发了研究人员的创造力，并导致了第一代微生物检测设备的出现。许多实验室技术方法和商业产品开始被开发出来。

- 免疫分析有多种形式，包括试纸、亲和柱、光纤、微球和量子点吸附、微芯片技术。使用基于抗体的技术可以识别特定污染物。

- ATP 是活细胞存活的一般指标。在食品工业中有许多用于检测 ATP 的小型便携式试剂盒。还有用于测试水样的便携式检测套件。

- 便携式快速（30 min 或更少）PCR 测试已成为现实，目前已有 4 种检测系统上市。

- 光散射技术在测量浊度方面有着悠久的历史，现在已被用于检测饮用水中的微生物细胞。

- 正在开发基于微芯片 / 微阵列的技术。这些方法的普及为长期的饮用水微生物监测提供了一些可行的选择。

ECBC 开展了适用于生物和化学防御传感器集成检测系统的研究，这些大量的研究中包括一些可以检测水中污染物的研究。2002 年 3 月，ECBC 发布了《生物检测器评估报告》（ECBC，2002）。该报告评估了几种生物检测设备，包括基于免疫分析或基于核酸的检测技术。这些设备包括 Bio-HAZ™、FACSCount、Luminex100、ANALYTE 2000、BioDetector、Hand-Held Assays、ORIGEN 分析仪、Tetracore Tickets、、Cepheid Smart Cycler® 和 Rapid System。ANALYTE 2000 已被公司的新技术 RAPTOR™ 所取代。BioVeris 目前正在进一步开发 ORIGEN Analyzer 分析技术。评估使用的标准包括便携性、可靠性、分析时间、检测类别、可行性、对细菌、毒素、病毒的灵敏度、易用性、样品处理率以及价格。这些方法采用量化尺度和专家的意见进行评估。Hand-Held Assays、Tetracore 和 New Horizon（在本报告的其他地方称为 Smart™ Tickets）在所有免疫分析设备中得分最高。PCR 被认为具有特异性和敏感性，不容易出现误报。具体来说，来自 Idaho Technologies 的 RAPID 获得了高分。冻干 PCR 检测已经开发完毕，该系统可以通过电池供电，并通过互联网将数据传输到远程地点，以协助响应。ECBC 还有一个项目（Early Sentinal Biomonitoring System Program）用以筛选、检查和验证多达 28 种饮用水快速检测技术的性能（Stanley States，Pittsburgh Water and Sewer Authority，个人交流）。

对特定微生物检测设备的评价如下。表 9-6 总结了微生物探测器（目前可用或可适用的探测器）如何与 EWS 的期望所需特性（如第 3 部分所述）相比较。

表 9-6　微生物传感器与所需的 EWS 特性的比较

产品	描述	检测范围	设备类型	成本	操作者所需技能	分析时间	灵敏度	可用性	评估
Tetracore Bio Threat Alert（BTA）	"侧流"型免疫测定	生物制剂，包括炭疽，肉毒杆菌毒素，葡萄球菌毒素	便携式设备	625 美元	低	15 min	炭疽菌 $\times 10^6$ spores/mL；肉毒杆菌毒素 −0.02 mg/L；葡萄球菌毒素 −0.007 5 mg/L	可用	AwwaRF，ETV，ECBC
New Horizons Diagnostics SMART™ Tickets	"侧流"型免疫测定	生物制剂，包括炭疽，肉毒杆菌毒素，葡萄球菌毒素	便携式设备	（25 试纸套件）4 000 美元（酶标仪）	低	15 min	炭疽菌 10^5 spores/mL；生物毒素 50×10^{-9}	可用	AwwaRF
EAI Corporation Bio-HAZ™（with SMART™ tickets）	"侧流"型免疫测定	生物制剂，炭疽，肉毒杆菌毒素，葡萄球菌毒素	便携式设备	15～20 美元 每条试纸	低	<30 min	同上	可用	ECBC
	"侧流"型免疫测定		便携式设备	20 000 美元	低	<30 min		可用	
Research International RAPTOR™	抗体荧光测定	生物制剂，毒素，化学污染物	便携式设备	50 000 美元	中等	7～12 min	炭疽检出 <1.0 ng/mL	可用	无
Response Biomedical Corp Test Cartridges	"侧流"型免疫测定	生物制剂（炭疽，肉毒杆菌毒素，葡萄球菌毒素）	便携式设备	10 000 美元（25 个试剂盒及读数器）	低	15 min	炭疽菌 10^7 spores/mL；肉毒杆菌毒素 −2 mg/L；葡萄球菌毒素 −1 mg/L	可用	EPA-ETV

续表

产品	描述	检测范围	设备类型	成本	操作者所需技能	分析时间	灵敏度	可用性	评估
ADVNT BADD Test Strips	"侧流"型免疫测定	生物制剂（炭疽，肉毒杆菌毒素，葡萄球菌毒素）	便携式设备	250美元（10条）	低	15 min	炭疽菌×10^7 spores/mL；肉毒杆菌毒素>5mg/L；葡萄球菌毒素−20 mg/L	可用	EPA-ETV
LLNL Autonomous Pathogen Detection System using Luminex Corporation's xMAP®	具有生物吸附分子的微球	生物污染物	实验室设备，在线设备	无信息	高	信息不可用	无信息	可适用	无
BioDetect Microcyte Aqua®	流式细胞分析仪	细胞	便携式设备	无法从网站获取	无信息	无法从网站获取	无法从网站获取	可用	无
Brightwell Technologies Micro-Flow Imaging	数字成像粒子计数器	颗粒和细胞	在线设备	无法从网站获取	无信息	1 min	微粒粒径>2 µm	可用	无
AMSALite™ Antimicrobial Specialists and Associates	冷光	ATP	便携式设备	2 000美元	低	<10 min	无法从网站获取	可用	无

续表

产品	描述	检测范围	设备类型	成本	操作者所需技能	分析时间	灵敏度	可用性	评估
WaterGiene™ Charm Sciences, Inc	冷光	ATP	便携式设备	无法从网站获取	低	<10 min	100 CFU/mL	可用	无
Continuous Flow ATP Detector BioTrace International	冷光	ATP	在线设备	50 000 美元	无法从网站获取	1 min	无法从网站获取	可用	无
Celsis–Lumac Landgraaf, the Netherlands	冷光	ATP	便携式设备	无法从网站获取	无法从网站获取	<10 min	无法从网站获取	可适用	无
Profile™ -1 (using Filtravette™) New Horizons Diagnostic Corp	冷光	ATP	便携式设备	无法从网站获取	无法从网站获取	<5 min	无法从网站获取	可用	无
LXT/JMAR BioSentry	光散射	生物污染物	在线设备	无法从网站获取	低	1 min	低	2005 年上市	无
Rustek Ltd	光散射 - MALS	生物污染物	在线设备	无法从网站获取	无法从网站获取	无法从网站获取	无法从网站获取	可适用	无
Idaho Technology RAPID	PCR	生物及化学污染物	便携式设备	55 000 美元	中等	30 min~3 h	1 000 CFU/mL	可适用	AwwaRF, ECBC
Smiths Detection Bio-Seeq™	PCR	生物及化学污染物	便携式设备	25 000 美元	中等	30 min	1 CFU/sample volume (28 µL)	可适用	无

续表

产品	描述	检测范围	设备类型	成本	操作者所需技能	分析时间	灵敏度	可用性	评估
Invitrogen PathAlert™	PCR	生物及化学污染物	移动实验室设备	无法从网站获取	高	30 min	10^4 CFU/mL	可适用	ETV DoD
Cepheid Hand-Held Nucleic Acid Analyzer（HANAA）	PCR	生物及化学污染物	便携式设备	无法从网站获取	无信息	<10 min	无信息	可适用	无
Cepheid Smart Cycler® XC	PCR	生物及化学污染物	便携式设备	46 000 美元	中等	30 min～3 h	<30 炭疽孢子	可适用	ECBC
Ibis Pharmaceuticals and SAIC T.I.G.E.R.	PCR	生物及化学污染物	便携式设备	无法从网站获取		若干小时	无法从网站获取	可适用	无
Nomadics® Spreeta™ Evaluation Module	表面等离子共振（SPR）	生物及化学污染物	便携式设备	695～9 995 美元	无法从网站获取	无法从网站获取	无法从网站获取	可适用	无
Georgia Tech BOSS	光纤倏逝波谱	生物及化学污染物	便携式，在线设备	无法从网站获取	无信息	若干分钟	无信息	可适用	无
Innovative BioSensors Inc. BioFlash™	基于细胞的生物传感器	生物及化学污染物	便携式设备	无法从网站获取	中等	5 min	无法从网站获取	可适用	无
BioVeris MIM	ECL	微生物	实验室设备	无法从网站获取	高	1 min	无法从网站获取	可适用	无

Tetracore 公司提供的 BTA Test Strips（Gaithersburg，MD）

BTA Test Strips 是通过快速免疫分析法检测病原体。在一项评估研究中，发现其致病菌的检出限为 10^5 CFU/mL。该试纸被用于筛选急性危害，但较低的灵敏度限制了其在水中检测低浓度污染物方面的作用。分析过程简单且仅需 15 min（States，2004）。美国国家环境保护局使用炭疽、肉毒杆菌和蓖麻毒素对其检测进行了二次评估测试。在对佛罗里达州和纽约州的饮用水样本进行检测时，炭疽测试产生了一条误报数据。由于水中钙和镁离子的存在，在来自加利福尼亚州和纽约州的饮用水水中均出现了漏报。在供应商指示的浓度限制为 10^5 CFU/mL 时，这些试纸无法检测到炭疽孢子，只有比指示浓度高 100～1 000 倍的水平上才能检测到。对于肉毒杆菌毒素试纸，由于水中存在腐殖酸、黄腐酸和脂多糖而导致误报，但不存在漏报。两种毒素类型均在供应商指定的 0.1 mg/L 限值附近可以被检测到。对于蓖麻毒素，误报案例发生在佛罗里达州的饮用水样本中，而漏报案例发生在纽约州的饮用水样品中。如供应商所述，试纸可以检测到 0.035 mg/L 浓度。所有类型的 BTA 试纸都具有接近 100% 的一致性。1 套 25 条试纸的套件售价 625 美元，Alexeter 的试纸读数器售价 4 000 美元（EPA-ETV，2004）。

在第三次评估研究中，BTA Tetracore Tickets 检测了 8 种污染物中的 4 种。许多 BTA 试剂可通过商业或政府渠道获得，误报或漏报结果的产生概率极小。此外，由于易于使用，误差小，加之部署设备和分析样本需要的时间不到 30 min。这款售价 4 500 美元的手持设备，在本次评估中为所有免疫分析设备中得分最高的设备之一（ECBC，2002）。

New Horizons Diagnostics 公司提供的 SMART™ Tickets（Columbia，MD）

SMART™Tickets 通过快速免疫分析法检测生物毒素，检测限度为 2～50 μg/L。分析步骤简单且只需 15 分钟；然而，灵敏度较差的问题限制了其在检测水中低水平污染物方面的应用（States，2004）。SMART™ Tickets 目前已被纳入 Bio-HAZ™。在一项包含 New Horizon SMART™ Tickets 的 Bio-HAZ™ 研究中，能识别所有 4 种生物因子（孢子形态的细菌、细菌繁殖体、毒素和病毒），并识别出国防部确定的 8 种传统生物制剂中的 4 种。一些 SMART™ Tickets 试剂可通过商业渠道或通过政府购买，且该方法误报率和漏报率极小。由于易于使用，错误率低，且设置和分析 1 个样品仅需 30 min 左右。这种售价为 2 万美元是现场便携式的设备同样也是所有基于免疫分析的设备中得分最高的设备之一（ECBC，2002）。

RIdaho Technology 公司提供的 R.A.P.I.D.（Ruggedized Advanced Pathogen Identification Device）

R.A.P.I.D. 使用 PCR 检测病原体和生物毒素，其检出限为 103 CFU/mL。该设备广泛应用于军事领域，但根据其检测能力也可应用于供水设施或对于受污染饮用水的调查。样品制备遵循整套标准化体系，试剂盒包括阳性和阴性 DNA 的对照，检测出的原始数据全部通过自动化处理。但该设备的有效性受灵敏度的影响。分析过程较为复杂且需要 90 min（States，2004）。在另一项评估研究中，R.A.P.I.D. 系统检测出了 8 种污染物中的 4 种。R.A.P.I.D. 系统中一半的试剂可以通过商业渠道或政府进行购买。该系统出现误报、漏报的概率较小，但由于操作复杂，易出现人为影响导致结果出错。R.A.P.I.D. 系统大约需要 3 小时来设置及分析一个样品。这种便携设备目前售价为 5.5 万美元。

Severn Trent Services 公司提供的 Eclox™

Eclox™ 可以检测化学物质和生物毒素。样本分析过程简单且仅需 5 min。污染物浓度可以检测 μg/L 到 mg/L 的水平，但结果的可复原性较低。与类似检测设备 MicroTox® 相比，检测出的实际污染物数值在不同类型的水中可能会有所差异，尤其是在蒸馏水中。因此有必要为每个站点建立相应基准值（States，2004）。在另一项研究中，纯净水、氯化水和氯胺化水的样品对光的抑制作用低，这表明饮用水中可能存在的任何一种消毒过程的副产品都不会干扰 Eclox™ 的检测结果。然而，对致死剂量的甲氟磷酸异已酯和丁肉毒杆菌毒素的检测产生了漏报结果。Eclox™ 易于运输和现场操作，且与实验室结果比对相近（EPA-ETV，2004）。

美国国防部提供的 HandHeld Assays

HandHeld Assays 可以检测出国防部认定的 8 种传统生物制剂中的 7 种。其试剂大多可以从商业渠道或通过政府购买，其检测结果产生误报、漏报的概率较低。由于其易于使用且设置和分析 1 个样品仅需不到 30 分钟，出现错误的概率也会低。HandHeld Assays 在 ECBC 研究中得分很高（ECBC，2002）。在另一项研究中，HandHeld Assays 被发现其检测限是感染剂量的许多倍。由于环境污染和人为操作影响，可能会出现误报结果。国防部声明，如果与其他验证性探测器协同使用，HandHeld Assays 是较为有效的检测方式（Emanuel et al.，2003）。在另一份由来自 14 个联邦机构的科学专家共同撰写的报告中[206]指出 HandHeld Assays 有很高的误报率（从 3% 到 83% 不等），并且存在一定灵敏度问题。因此，这被认为是一种不可靠的检测技术。

Cepheid 提供的 Smart Cycler®

Smart Cycler® 可以检测出国防部认定的 8 种传统生物制剂中的 4 种，但这些试剂目前无法通过商业或政府渠道获得。这些试剂有较低的误报和漏报率，但由于操作步骤烦琐会导致人为操作出现较大误差，并且从设置设备到分析结果大约需要 3 小时。这种便携设备售价约为 35 000 美元（ECBC，2002）。

光散射器

该系统的细小隐孢子虫卵囊的检测率在 11%～45%，误报率在 0.3%～3%。MALS 系统可由用户进行调整，但操作者需要了解更高的识别率通常将伴随着更高的误报率。MALS 还能够区分隐孢子虫卵囊的不同物理状态，包括经臭氧处理、热处理或从活体中排出的未经处理的卵囊。其特别的检出限使得 MALS 可以用作水污染爆发的早期预警。对于纯净水，预期的检测限（ELOD）在 1 min、10 min、60 min 检测时间内分别为 7 卵囊/mL、0.7 卵囊/mL 和 0.1 卵囊/mL。对于成品饮用水样品，检测限在 1 min、10 min、60 min 检测时间内分别为 75 卵囊/mL、7.5 卵囊/mL 和 1 卵囊/mL。研究人员得出结论，MALS 技术可适用于在供水系统监测（Quist et al.，2004，AwwaRF Project #2720，见附录 D）。

Response Biomedical Corporation 公司提供的 RAMP Anthrax Assay（Vancouver，Canada）

RAMP 使用的试剂盒是一种带有检测线和控制线的"侧流"型免疫测定装置。该检测器是一种附着在荧光微珠上的特异性抗体。RAMP 仪器通过附着在捕获检测线上的荧光微珠进行检测。在试验研究中，检测了 3 株非致病性炭疽芽孢杆菌菌株和 3 株非炭疽芽孢杆菌菌株。3 株炭疽芽孢杆菌的检出限在 1 000～2 000 个芽孢子。其与非炭疽杆菌没有交叉反应，在干扰的存在下也没有产生误报。RAMP 炭疽热试验目前尚未在水系统中进行测试（Heroux and Anderson）。在美国国家环境保护局进行的另一项验证测试中，有 3 种检测盒可用于检测炭疽、肉毒毒素和蓖麻毒素。炭疽热试剂盒没有因干扰剂而产生误报或漏报，但在供应商声称的检测限为 4×10^5 spores/mL 浓度时无法检测到炭疽孢子（仅在 100～1 000 倍以上浓度可以检出）。肉毒杆菌毒素试剂盒不存在误报，但不能检测到 B 型毒素。供应商表示其检测限为 0.5 mg/L，但实验室中实验员检测到 A 型病毒的浓度限值仅为 2 mg/L。检测蓖麻毒素时没有误报或漏报，可检测浓度限值为 5 mg/L，供应商表示其限值为 1 mg/L。所有类型的试剂盒的结果均非常一致。样品测试时间为 4 个 /h。这些便携式试剂盒易于操作，但需要有经验人员指导。整套系统包括 25 个试剂盒、读数器、载体、打印机，成本是 1 万美元（EPA-ETV，2004）。

ADVNT 提供的 BADD Test Strips

BADD Test Strips 有 3 种类型的试纸可以用于检测炭疽热、肉毒杆菌毒素或蓖麻毒素。炭疽热试纸不存在误报，但在纽约的浓缩饮用水样品中有 1 个漏报案例。其结果一致性是 90%，灵敏度为 $4 \times 10^7 \sim 8 \times 10^7$ spores/mL。肉毒杆菌毒素试纸没有因干扰剂而出现误报或漏报。然而，这些试剂不能重复检测到 B 型毒素，且仅在 5 mg/L 的浓度下检测到 A 型毒素。然而供应商表示，这两种类型的限值都为 0.4 mg/L 且结果一致性为 84%。蓖麻毒素试纸没有误报，但由于饮用水中的干扰而产生漏报。结果一致性为 100%，灵敏度为 20 mg/L，高于供应商提供的 0.4 mg/L 检测水平。一盒 10 试纸的价格为 250 美元。试纸作为便携工具易于使用；指示线的颜色有时非常微弱，这增加了漏报的风险。指示线出现需要 15 min。样品检测时间为 20～30 个 /h（EPA-ETV，2004）。

Tetracore 提供的 ELISA

由于水体中含有腐殖酸和富里酸，会影响 ELISA 的炭疽检测，从而产生误报，但并不存在漏报。然而，ELISA 无法检测到供应商宣称的 2×10^4 浓度限度的炭疽杆菌，仅在浓度高 100 倍后才检测到炭疽。通过 ELISA 检测肉毒杆菌毒素不存在漏报，但当水样中存在腐殖酸和黄腐酸会影响其检测结果，有时会出现漏报。A 型的最低可检测浓度为 0.02 mg/L 的肉毒杆菌毒素，但 B 型尚不清楚。通过 ELISA 检测蓖麻毒素其结果不会出现漏报和误报，可检测到蓖麻毒素浓度限值为 0.007 5 mg/L，略高于供应商提供的限值。ELISA 容易携带，但不容易由未经训练的人员操作。1 个 Tetracore ELISA（96 孔板）的成本是 400 美元（EPA-ETV，2004）。

9.5.1 问题和差距

以下部分重点介绍了使用微生物检测器对成品饮用水进行早期预警的各种问题和差距。

污染物需要被浓缩

许多微生物病原体在低浓度时就已经对人类健康构成了威胁。对于大多数捕获目标技术所使用的综合分析方法来说，低浓度检测是困难的。因此，可能需要大量浓缩水样，以收集足够的污染物来检测。预计在 2005 年发表的两篇 AwwaRF 研究论文（生物制剂早期 / 实时预警系统的提取方法——项目 A 和 B 项目）可能有助于解决这个问题（见附录 D）。

浓缩技术也会浓缩干扰物

目前浓缩目标污染物的技术通常也会浓缩其他会干扰生物传感器分析的非目标污染物和干扰剂。例如，要成功地对环境水进行 PCR 分析，就必须去除腐殖酸和富里酸等影响传感器分析干扰物。

抗体发生交叉反应，并受到结合动力学的影响

抗体可能通过已知或未知的亲和力与非靶抗原结合。需要对每批抗体的灵敏度进行校准，即使是对单克隆抗体。如果不同的靶分子具有重叠的表位，则交叉反应会是严重问题。针对特定的、独特的表位设计的抗体可以有效减少交叉反应。但是，即使是最好的抗体，也只有在目标抗原达到一定浓度的情况下才有可能检测到。因此，有必要在测试前浓缩饮用水样本。

新型微生物和生物工程微生物可能逃脱检测

微生物会进行不断变异，即使可以捕获范围较广的分子，通过变异目标微生物可能会失去目标表位或 DNA 表位，从而逃脱检测。如果获得了捕获分子的详细信息，通过生物工程，病原体可以被设计成用来逃避检测。唯一能减小这个问题影响的技术是由 Isis Pharmaceuticals 公司开发的三角定位鉴定遗传风险评估（Triangulation Identification Genetic Evaluation of Risks，TIGER），因为这种技术将多种方法（DNA 碱基组成和 PCR）集成到分析中。

试剂在现场环境条件下可能不稳定

含有生物分子的试剂通常在室温环境下的数小时内开始降解或失活。即使保持部分活性，质量控制也会受到威胁。这个问题可以通过冻干试剂解决部分问题，但需要现场的实验室等级的纯水来重建反应溶液。而保持生物芯片上的生物分子的分子稳定性就更加困难。

大多数微生物检测器技术都是用于抓取样本的，而不是在线的

除了微流成像外，目前还没有检测微生物的在线检测技术上市。两种光散射技术（BioSentry 和 MALLS）正在进行研发并进行了 Beta 测试，但尚未上市。

表 9-7 提供了微生物传感器技术的功能、问题和差距。

表 9-7　微生物传感器技术

方法	功能	问题和差距
试纸（免疫测定）	①在一次测试中检测 1～4 种抗原 ②便携式 ③需要几秒钟就能完成测试 ④美国国家环境保护局正在对饮用水的相关应用进行研究	①样品需要浓缩 ②缺乏灵敏度
光纤探头	①能检测到特定的抗原 ②便携式 ③高潜力	在水应用方面是一种新技术
微球	能检测到特定的抗原	①在水应用方面是一种新技术 ②不是便携仪器
流式细胞检测和微流成像	①有可能识别出特定的微生物 ②可量化 ③便携式	样品需要浓缩
ATP	①检测细胞组件 ②便携式（套件） ③残留的氯不会造成影响	①未对水样本进行独立验证 ②不能提供特定微生物的信息
PCR	①检测特定的 DNA 序列 ②便携式（手提式）	①并不是为水体检测而设计 ②样品需要浓缩 ③目前该技术的检测限度的验证仍不够充分
光散射	①检测细胞、卵囊、孢子及其他物种的特异性 ②具有在线监测的潜力 ③不需要浓缩技术	①未广泛用于病原体检测 ②未对水样本进行独立验证 ③易出现误报 ④无法检测病毒
微芯片和微阵列	①可识别病原体范围较广 ②尺寸适合于小型化设备	①便携式仪器本是新兴技术 ②样品需要浓缩

9.5.2 结论和建议

在线微生物检测技术还需要进行多年的发展来解决现有问题。光散射方法展示出具有一定应用前景，但大多数方法不适合连续在线监测或区分微生物。目前有几种潜在的可行性方案包括免疫测定、PCR 和 ATP，可以对抓取样本进行检测。对于饮用水来说，大多数方法仍然面临如浓缩样本等一些问题。一些浓缩方法表现出了应用前景（中空纤维、微型泵和 PNNL BEADS 技术）。对某些方法来说，浓缩并不是不可逾越的障碍。然而，对于目前 PCR 技术和浓缩方法仍然没有进行足够的验证。总体来说，没有一种方法能够满足快速检测技术的所有要求。因此，推荐的方法是用通用检测器（如多参数探针或光散射）筛选样品，然后使用免疫分析装置与另一种方法一起结合进行鉴定。基于 ATP 的探测器具有实用前景，但尚未针对水体进行验证。建议使用 ETV 程序对 ATP 产品进行测试。未来，微型芯片在在线测量应用方面具有巨大的潜力，但目前该领域还不够成熟。

9.6 放射性传感器的评价

由于可能发生意外放射性泄漏和新兴的恐怖主义威胁，供水系统需要有能力立即检测出辐射的激增，这一点十分重要。此外，确定辐射的类型及其来源将有助于快速响应和恢复工作。实时连续在线监测应快速检测水系统中的蓄意或意外污染。报警系统的使用将有助于提醒操作人员。对于供水系统的蓄意污染，最需要关注的污染物是具有高比放射性（Ci/g）的放射性核素，其可以释放相对高剂量的 γ 辐射，还有可能释放 α 辐射 /β 辐射，可以在高浓度下被摄入和溶解。

下面描述的设备是用于测量液体或水中的 α 辐射、β 辐射和 γ 辐射的仪器。现在能够探测较低水平辐射的新技术已经出现并且正在进行验证。在野外现场，γ 辐射探测器比 α 辐射和 β 辐射探测器更常见，这是由于 α 辐射和 β 辐射的特性导致难以被探测到。针对饮用水辐射探测器的验证研究相对较少。表 9-8 总结了辐射探测器（现有或可适用的）与用于 EWS 中的辐射传感器的期望特性的比较。

表 9-8 放射传感器与所需的 EWS 特性的比较

产品	描述	污染物范围	设备类型	代价	操作者所需技能	分析时间	灵敏度	当前是否可用	验证
Technical Associates SSS-33-5FT	连续通过式闪烁探测器	α射线、β射线和γ射线	在线设备	58 000 美元	中等到高	<5 min	最高检测到 100 pCurie/mL	可用	无
Technical Associates MEDA 5T	闪烁探测器	γ射线	在线设备	25 000 美元	中等到高	<5 min	无法从网站获取	可用	无
Technical Associates SSS-33DHC and SSS-33DHC-4	无闪烁探测器	监测氙和羽流	在线设备	72 000 美元	中等到高	<5 min	1 nano Curie/mL	可用	无
Technical Associates SSS-33M8	无闪烁探测器	监测氙	在线设备	16 500 美元	中等到高	<5 min	0.1 nano Curie/mLL	可用	无
Teledyne Isco, Inc 3710 RLS Sampler	过滤器	所有	在线设备	35 000~75 000 美元	中等到高	<5 min	无法从网站获取	可用	无
GammaShark™	具体细节不明	γ射线	在线设备	不可用	信息不可用	<5 min	无法从网站获取	2005 年上市	已计划
Canberra LEMS600 Series Liquid Effluent Monitoring	液体管道外监测	β射线和γ射线	在线设备	100 000~150 000 美元	中等到高	<5 min	无法从网站获取	可适用	无
Canberra OLM100 Online Liquid Monitoring	从管道外监测液体中的辐射	γ射线	在线设备	35 000~75 000 美元	中等到高	<5 min	无法从网站获取	可适用	无
Canberra ILM 100	从管道外监测液体中的辐射	γ射线	在线设备	35 000~75 000 美元	中等到高	<5 min	无法从网站获取	可适用	无

Isco 3710 RLS Samplers

Westinghouse Savannah River 公司使用 Isco 3710 RLS Samplers 进行的一项研究表明，"4 个月的现场测试期间收集的数据与同期实验室的分析和历史数据比对结果十分相似，同时成本显著降低，并且节省了大量时间。"[207]

Thermo Alpha Monitor

橡树岭国家实验室已对该仪器进行了测试，并证明了其在水中 1 pCi/L 浓度以下的检测能力，并在 30 分钟内分析了 10×10^{-12} 天然铀（15 pCi/L）和 20×10^{-9} 天然铀（30 pCi/L）的同位素。这种探测器仍在开发中，需要进一步测试耐用性和准确性以及同行的评审和美国国家环境保护局的批准。

9.6.1　问题和差距

以下部分重点介绍使用辐射探测器对成品饮用水进行预警的各种问题和差距。

设备和结果显示出可变性

正确的设备和检测方法的结果会根据当地的条件如温度和湿度，或辐射源处的放射性核素的性质而有所不同。

需要特殊的专业知识

本部分中提到的所有设备，即使生产商声明可以免维护，通常也需要有专门熟悉安装、设置和日常校准的技术人员。

在线监控的费用很高

尽管在线分析仪在监测水质方面很有成效，但其价格昂贵且数量有限。许多机构发现采样式监测更为合适。制造商正在开发和改进小型化流式闪烁技术的应用。相关企业和部门需要与制造商合作去定制检测器以满足这种小规模的需求。

可用或已验证的探测器很少

只有少数探测器被设计用于监测 α 辐射和 β 辐射。同时只有少数探测器是被设计用来在线监测伽马辐射的。尚未对饮用水的辐射探测器进行大范围的验证研究。

不适用于供水系统

由于饮用水监测器的要求更为严格，其中一些监测器只适用于废水而不是供水系统。污水监测器将更倾向于检测意外泄漏，而不是蓄意污染。

表 9-9 提供了辐射传感器技术的功能、问题和差距。

表 9-9 辐射传感器技术

检测到辐射	功能	问题和差距
Alpha	没有	在水中难以进行检测
Beta	连续的和实时的测量	①在水中难以进行检测 ②通常设计用于废水和地下水检测 ③未在饮用水中进行验证
Gamma （液体闪烁）	①连续的和实时的测量 ②灵敏度达到监测水体的要求	①通常用于废水，而不是饮用水 ②未在饮用水中进行验证 ③需要特殊的安装、操作和维护方面的专业知识 ④在线监控的成本高

9.6.2 结论和建议

目前废水辐射检测的技术已经经过验证，但尚未对饮用水进行技术转移或验证。只有少数产品声称可用于饮用水的检测，有些是在取样的基础上。一些供应商正在开发更多的产品，但目前仍不清楚这些潜在威胁是否值得使用这些昂贵的实时检测产品。少数市面上销售的产品应由美国国家环境保护局或专门研究辐射的国家实验室进行验证。许多产品可以进行抓取式采样，但尚不清楚是否有任何通用监测器可以触发这种更细致的分析。因此，目前还没有对辐射探测的早期预警，因为推动市场发展的需求并不强大。

10

结论和建议

以下是对 EWS 技术和最新技术综述的结论和建议。首先提出一般性的结论和建议。接下来是根据 EWS 系统的特点给出具体结论和建议：数据采集和分析；流量建模；传感器放置；警报管理；决策和响应；多参数水质技术；以及化学、微生物和放射性污染物的检测。这些建议包括一系列近期和长期的知识和研究空缺。

10.1　一般性结论和建议

满足预期特性并可常规使用的集成 EWS 还需要继续发展。目前仅有一些单独的组件可以使用，其他的组件还需要进一步的开发。供水系统的 EWS 设计主要还是处于理论上或处于初步开发阶段。目前所需的数据采集软件和硬件已经出现，但 EWS SCADA 系统的安全软件仍在开发中，且需要验证。一般的供水系统建模和污染物流量预测系统正在迅速发展；然而，大多有关企业和部门尚未开发模拟蓄意污染事件的模型。大多数传感器和 EWS 组件尚未经过系统性的测试或验证，污染物的类型和暴露水平也没有得到明确的定义，因此无法支持传感器技术的选择。部分公司正在研究警报管理的相关方法，但目前正处于初步研究阶段，通常采用专有触发算法。概述了将污染数据分析与决策和警报响应联系起来的做法；然而，有效实施该过程的设备尚未得到大范围开发。需要研究检测工程微生物的方法和技术。此外，所有这些技术都应经过验证、价格合理，并可以在现场持续稳定运作。

短期研究需求

应对 EWS 架构和实施进行深入评估。

由于对 EWS 体系结构的基本设计和特性的详细检查超出了本研究的范围，因此建议进行后续研究并对某些特性进行优先考虑，并为实施各种 EWS 组件的选择、关联和测试提供全面的指导。任何关于设计方案的指南都应该包括小型和大型系统、公共卫生监测和消费者投诉监测。此外，该研究还应为 EWS 的性能、警报和响应标准提供指导。

应重点关注污染情景并调整脆弱性评估方法。

相关企业和部门使用了各种脆弱性评估方法。开发 EWS 就必须对发生污染的脆弱性进行检验。但目前尚不清楚相关企业和部门是否专门检查了他们发生污染的脆弱性，也不清楚现有的方法是否能够充分评估污染脆弱性。这是需要进一步研究的领域，以了解相关企业和部门如何充分检查污染脆弱性以及如何将此类信息纳入 EWS 架构。

需要对 EWS 上国际的进展进行研究。

美国国家环境保护局可能会发现持续与国际研究和开发界合作以获取其他国家正在取得的创新和进步是极其有益的。

应迅速制定采样方案和分析技术。

在线探测器，作为集成的 EWS 的一部分，可能还需要几年的发展时间。但是可以通过周期性采样再由现场或实验室仪器进行分析来达到近似实时监测。

长期研究需求

应对相关企业和部门使用的监测器、传感器、探测器进行调查研究和分析。

一些公共事业公司已经在现场安装或测试了 EWS 技术组件，如监测器、传感器或探测器，但其经验并不广泛且并不共享。在供水系统中使用这些技术所获得的经验，即使不是本报告所定义的完全集成 EWS 的一部分，也应该被记录下来。对此类案例研究的调查可以对某些技术的验证和能力 / 缺陷提供深刻的见解。应开展进一步的研究工作，以更全面地记录和评估现场使用 EWS 组件的案例研究经验。

EWS 技术和工艺需要进行验证测试。

ETV 或 TTEP 项目应该测试各种传感器技术，例如 ATP 产品、贻贝生物探测器和辐射在线探测器。

应持续评估潜在污染物清单。

与公共卫生相关的污染物类型对评估 EWS 的充分性来说十分重要。确定特定污染物是一项已经开展的工作，但该领域并不公开，通常处于保密审查。这样的保密项目还有很多。需要继续进行研究，以确定有害且需要由 EWS 监测的污染物类型。

应持续评估传感器所需污染物检测浓度。

另一个公认的研究领域是确定需要由 EWSs 检测污染物的浓度。浓度取决于污染物的性质、暴露的途径及程度，以及暴露的人群对特定污染物的敏感性。如果不确定这些浓度，就很难确定任何特定设备或系统在防范公共卫生风险方面是否完善。建议继续进行研究，以充分了解必须能检测到的浓度。关于浓度还应继续进行研究，并根据影响人类健康的特定浓度确定预期的暴露量和剂量，同时确定去除污染的能力是否足以保护群众健康。

应查明污染物，特别是有毒副产品的迁移和转化（包括暴露水平、剂量和可检测的浓度）。

随着对所关注的污染物研究的加深，应进行更广泛的研究，以确定某些污染物的有毒副产品，并模拟这些污染物在现实世界的供水系统中的迁移和转化。污染物在水环境中的持久性、稳定性、耐氯性和易分散性是重要的转化和迁移因素。本研究将有助于对 EWS 技术的评价和选择。

各机构关于环境预警系统的实验室研究结果应是可重复的，EWS 研究的结论应在政府机构、水务部门和相关企业及利益相关者之间分享。

美国国家环境保护局水资源中心、美国陆军 ECBC、美国地质调查局及特定的部门和公司赞助或开展了许多供水系统 EWS 的研究工作。如有可能，应重复这些工作，以核实结果。这些结果和其他 EWS 研究的信息应在政府机构和水务利益相关者之间共享。

10.2 具体性结论和建议

10.2.1 数据采集与分析

通过监控和数据采集系统（SCADA）或其他自动化系统采集数据对于处理 EWS 中在线传感器的大量数据至关重要。根据 EPA 目前推荐的采样时间（2~10 min，取决于 SCADA 系统设置、带宽、传感器位置和流量），现有数据采集系统目前不会出现问题。由于生成的数据量巨大，自动化数据验证过程对于准确分析数据是十分重要的。通过有线或无线系统将数据传输到中央数据库，需要一个简单而有效的协议以确保准确性和完整性，并且可以通过将接收到的数据与存储在传感器位置的数据进行比较来完成数据校核。许多数据采集的软件和硬件已经开发完毕。用于 EWSs 的 SCADA 系统安全软件仍在开发中，且需要验证，但可以由相关单位在处理一般安全问题（如加密）时一并解决。

短期研究需求

数据分析和解释需要标准化的方法和指导。

具体来说，需要进一步的研究和开发分析软件来识别离群值。需要验证程序来证实数据分析算法。ASCE 的一些研究将有助于指导相关企业使用此类系统（ASCE，2004）。

长期研究需求

需要大规模的数据存储及操作技术。

对于连续工作的实时监测器，数据的生成规模大。SCADA 很可能是收集数据的重要工具。但需要采用新的方法来存储和处理信息以便于即时和长期使用。

应该开发 SCADA 数据安全程序，以将现有的公共项目与 EWS 中固有的安全特性联系起来。

当前的远程监测产品开始包含加密在内的安全预防措施。然而，并没用通过示范项进行验证。其他数据安全工作的标准化可以应用于水务部门。应开发相关程序将围绕 SCADA 的公用工程安全与面向 EWS 的数据安全联系起来。

10.2.2 流量建模

预测供水系统 EWS 中污染物的运动和流动不仅对潜在的污染事件很重要，而且对提高监测系统的有效性也很重要。一般的供水系统建模，特别是污染物流量预测系统正在迅速发展。当前的污染物流动模型还可以整合来自地理信息系统的数据，并使用计算机辅助绘图（CAD）软件显示结果。集成了 EPANET 和 ArcView GIS 的 PipelineNet，以及诸如 WaterGEMS 和 InfoWater 等商业集成模块，可以提供直接评估污染事件影响的能力。供水系统越来越多地使用优化方法或示踪研究来进行校正。相关公司通常不会使用专门模拟蓄意污染事件的模型。用水量模型偶尔才会被纳入。有关企业在验证和开发预测流量模型的努力将满足总体规划（扩展、升级、维修、维护）和测试蓄意污染场景。尽管 AWWA 委员会在 1999 年提出了一版可行的校准指南，目前美国国家环境保护局正在准备供水系统专用的指导手册，其中包括水力模型的校准和验证标准，但目前美国几乎没有规范的校准标准。这些潜在的校准指南应成为推动制定广泛接受的校准指南或标准的起点。Incident Commanders Water Modeling Tool（ICWater）扩展了之前开发的 RiverSpill 建模工具的功能，允许事故的处理者能够对流入地表水源的化学和 / 或生物污染物进行快速分析和响应。美国国家环境保护局的 TEVA 项目在评估漏洞和判断最合适的传感器放置位置时，纳入了针对大范围污染攻击的概率框架。

短期研究需求

需要改进污染物流量模型。

建议继续进行研究以开发改良模型和在特定应用中验证模型的方法。应改进模型以更好地反映化学物质迁移和转化以及其副产品的影响。

长期研究需求

流量模型需要进行验证，然后用于改进 EWS 的设计。

需要一些项目来验证污染物流量模型，并使这些工具能够用于传感器的放置、实时污染物流量的预测和确定污染源潜在位置。这些模型需要根据实际情况进行调整，以便各种规模的项目使用。尽管 AWWA 委员会提出了可行的校准准则（ECAC，1999），但目前美国没有污染物流量模型的校准标准。然而，这些准则尚未被正式接受，也没有被采纳使用过。利用这些潜在的校准准则作为起点，以继续制定广泛接受的校准准则或标准。

10.2.3　传感器布局

由于预算和技术上的限制，相关企业和部门只能对供水系统内的传感器进行适度的初始投资，因此他们希望确定最合适的放置位置以减小成本。在不求助于复杂的实验优化技术的情况下，通常遵循两阶段程序。在第一阶段，根据技术（例如，可用电源、通信连接）和物理（如出入）限制来确定传感器的可用位置。在第二阶段，传感器被放置在整体系统中为最多客户服务的大型管道上。目前正在开展流量模型和传感器技术结合的研究，但必须在这些部门和公司做出困难且成本高昂的决策之前就验证这些模型。

短期研究需求

需要提供保护远程传感器的硬件和材料。

在线传感器通常使用特殊的样品采样口安装，需要中断水管中的水流。目前正在开发新的安装技术，以便在不中断水流或进行大型挖掘作业的情况下进行安装。为了使传感器系统能够安装在开放的环境中，开展材料和防护硬件研发是必要的（AwwaRF，2002）。

长期研究需求

建议研究传感器的布局参数。

需要简单的指导，例如如何处理部分的特定传感器。此外，应该通过比较不同模型的结果来确定传感器布局和优化策略。

10.2.4　警报管理

警报管理系统通常由两个领域组成：①建立触发警报的参数。②减少错误警报。传感器数据与基线比较时的任何异常都会向操作员触发警报。建立稳定可靠的基线数据是重中之重，特别是在水质波动时。警报管理系统通常依赖严格的数据验证协议或专门的软件来减少误报。有几家公司正致力于警报管理，但目前正处于初步研究阶段，通常采用专利的触发算法。

长期研究需求

应检查警报管理方法 / 技术，并量化误报、漏报的敏感性。

需要建立一个示范项目，以确保某些警报管理方法的合理性。应量化警报敏感性和潜在的不良后果（误报和漏报）之间的关系。其他项目应该检查其他有前景的传感器，如贻贝或细菌监测器。

10.2.5　决策制定和响应

EPA 的响应协议工具箱中概述了将污染数据分析、决策制定和响应联系起来的过程；然而，相关水务公司需要采用额外的工具来有效地实施这一过程。

长期研究需求

需要支持实施决策制定和响应的技术。

目前正在开发协助决策和响应的工具，如水污染物信息工具，这将有助于填补目前的空白。

10.2.6　多参数水质技术

有一项研究计划在积极使用多参数水质监测器作为供水系统的 EWS 的一部分。初步研究表明，这种监测器可以检测到供水系统中的异常情况，并提供初步的危险信号警告。然而，也有理由担心误报以及该系统是否能提供蓄意污染的明确迹象。收集基准数据可能会需要高额的成本。目前，这些用来检测生物污染物、危险化学品以及用于现场性能跟踪记录技术需要进一步演示证明。这项技术还没有得到充分的评估，不足以推广使用；例如，没有对氯胺化系统进行过测试。然而，美国地质调查局、美国国家环境保护局和一家供水公司在 2006 年和 2007 年进行的全面测试可能有助于阐明对误报的担忧，以及系统是否能够应对正常水质的波动。

鉴于目前多参数技术的发展阶段，EPA 的初步测试中对于监测供水系统有用的参数包括氯化物（ISE）、电导率（电极）、浊度、游离氯和 ORP。TOC 的监测非常有价值，但可能太昂贵而无法广泛应用。目前制造商正在开发相关探头，其中包括游离氯和总氯、pH、温度、电导率、氯化物、硝酸盐、浊度和 ORP。并不是所有的机构都能够负担得起目前已被评估为 EWS 的监测系统。由于竞争和技术进步而导致的价格下降可能会在未来缓解这种情况。但在此期间，财政资源有限的部门或公司在开展在线水质监测时将面临巨大挑战。

Hach 公司和其他公司正在开发用于识别污染物或污染物类别特征信号的系统很难被独立验证，目前他们的方法和算法尚未公开。此外，美国国家环境保护局、美国地质调查局、美国陆军和其他组织仍在评估用来检测和识别污染物的水质参数。目前还没有对含有这些水质参数组件的 EWS 进行现场规模的测试。在推荐使用基于水质参数的 EWS 时应谨慎。

短期研究需求

需要经过验证的基准数据来校准 EWS 警报触发器。

虽然研究已经证明了使用水质参数波动作为污染事件已经发生的信号这一概念，但每个供水系统可能需要收集数月或数年的基线数据以校准警报的触发。由于价格昂贵，因此需要研究如美国地质调查局项目的示范项目，来促进理解基线水质数据如何影响现场 EWSs 的性能。

需要污染物特定的识别特征。

目前已经开始建立污染物特定的特征；然而，迄今为止检测的污染物数量有限，降低了特征信号独一性的可信度。污染物的类别虽然可以识别，但是，具体多少种污染物可以被识别算是合适还没有定论。此外，目前还不清楚监测器是否能检测到生物污染物和危险化学品。需要进一步的研究来发现更广泛的污染物和其浓度的具体特征，包括实际的试剂。

需要验证事件检测算法。

重要的是，用于确定何时触发报警条件的算法已针对各种实际情况进行了验证。

长期研究需求

应确定使用 TOC 传感器的成本和收益（例如，使用多参数水质监测器检测污染物的能力），还应该开发更经济、更可靠的 TOC 传感器。

当前的多参数单元在没有 TOC 的情况下成本约为 1 万美元。尽管 TOC 是一个有价值的衡量参数，但每单元增加了 1.8 万~2.9 万美元。研究需要确定在 EWS 中纳入该技术的成本 / 效益关系。与现有 SCADA 系统相连的 10 个微探针监视器（没有 TOC）的基本系统估计成本约为 15 万美元，加上每年 6 万美元的运营成本。研究 / 开发的需求是拥有更便宜和可靠的在线 TOC 监测器。EWS 的 TOC 监测器不需要能够进行合规性监测，而只需要检测 TOC 水平的总体变化，以便进一步的调查。

10.2.7　化学污染物的检测

便携式技术可用于对现场许多潜在化学污染物进行取样分析。随着基于微芯片技术（如味觉芯片）的高科技设备的发展，这一领域将继续得到改善。易于获得且可靠的技术使用特定的探针（如砷和氰化物），其可以有效地监测少数特定污染物。某些便携式的生物监测仪可用于现场评估。但对于许多此类分析必须首先去除水中的氯的影响。与便携式技术相比，在线化学监测技术上不可行或不具有成本效益。GC 和离子迁移率存在成本和技术上的难题。如果氯和氯胺残留物的干扰问题能够得到解决，某些生物监测器可能会很有前景。在一个案例中，贻贝监测器最近在欧洲的净化水中进行了验证。在美国，正在进行各种工作来制造其他适用于成品饮用水的监测器（MicroTox® 和 ToxScreen）。MosselMonitor® 或 Bio-Sensor® 可能是 EPA-ETV 项目研究的优秀候选者，也可用于实验室和 / 或现场研究饮用水、CBR 替代品或污染物。未来 3 年，该领域应在具有成本效益和可靠性的设备方面表现出进一步的发展。一些新技术（如微芯片）可以彻底改变饮用水的化学检测领域。

短期研究需求

应检查氯和其他残留物以及去除后对检测准确性的影响。

有机体的生物监测器对饮用水中的氯残留物很敏感。Bio-Sensor® 和 MosselMonitor® 可去除氯的影响，但广泛适用的氯残留物去除的方法尚未被研发出来。Checklight 公司目前正在开发一种除氯系统，但尚未验证该系统对其他生物传感器的影响。

长期研究需求

应开发可靠的现场检测套件。

ETV 项目测试的细菌检测套件具有很高的误报及漏报率。这种试剂盒的常见缺点是试剂的稳定性。通常试剂需要配置（如果其为冻干）或精确称量反应成分以配置成新鲜的反应混合物。该检测工具可能会因不同操作员的操作不同而产生差异。因此需要训练有素的人员、设置要求，如培养对数生长期的细菌，其结果不会分辨毒素的具体类型。虽然这些试剂盒可用于确认毒素的存在，但还需要使用进一步的方法来进行特异性鉴定。

现有最先进的检测技术应该被调整适用于 EWS。

便携式红外光谱、离子迁移光谱、表面声波和聚合物复合化学电阻技术正在应用于空气和蒸汽污染监测，但尚未进行用于饮用水监测的开发。如果有潜在的市场，可以通过进一步的研究来检验这些技术是否可以适用于水。

10.2.8 微生物污染物的检测

在线微生物监测技术还需要时间继续发展。光散射法是个例外，这个技术表现出了很好的发展前景。大多数方法不适合连续在线监测或区分微生物类别。然而，为了使用便携式设备确认样品污染物，目前有几种潜在的方法可供选择，包括免疫分析、PCR 和 ATP。这些方法尚未充分发挥其潜力，因此可能会被持续纳入新的监控设备和系统中。取样可以包括按预定的时间间隔抽样或复合抽样（例如，在一段时间内连续收集少量样本）。在任何取样中，都必须确保微生物的完整性。对于饮用水，大多数方法面临的问题是需要浓缩样品。一些浓缩方法表现出了发展前景包括中空纤维、微型泵和太平洋西北国家实验室的相关探索研究。一般来说，浓缩对一些方法来说似乎并不是不可逾越的障碍。然而，对于 PCR 而言，目前的在线技术和浓缩方法还不够先进，不足以检测出威胁公共卫生的微生物污染水平。总体来说，这些方法本身都不能提供足够快速的检测。因此，推荐的方法是用通用检测器（例如，多参数探头或光散射法）筛选样本，然后将免疫测定设备与另一种识别方法结合使用。基于 ATP 的监测器很有应用前景，但尚未在水体中进行验证（其中一种用于水质在线监测）。ATP 检测产品应针对 EWS 进行第三方评估。未来，微芯片在在线测量方面具有巨大的潜力，但目前该领域的研究还不够成熟。

短期研究需求

提取和浓缩技术需要改进。

许多微生物病原体在低浓度时就会对人类健康构成威胁。为了充分保护公共卫生，检测病原体所需要的浓度限值就变成了政策问题。然而，人们普遍认为，目前在线或连续检测方法还不够灵敏，无法检测出可能与人类健康有关的最低微生物浓度。因此，微生物污染物需要进行一定程度的浓缩才能被检测出来。对于大多数捕获靶向技术使用结合测定法来说，检测低浓度生物污染物是比较困难的。因此，可能需要浓缩大量水样以收集足够的污染物进行检测。预计在 2005 年发表的两篇 AwwaRF 研究论文（生物制剂早期 / 生物制剂实时预警系统 – 项目 A 和项目 B）和爱达荷国家实验室的研究表明，ID 技术可能有助于解决这个问题。

需要将浓缩的干扰物和目标化合物区分的方法。

浓缩技术也会浓缩干扰化合物。浓缩目标污染物的技术通常也会浓缩其他会干扰生物传感器分析的非目标污染物。例如，要想成功地对环境水进行 PCR 分析，就必须去除腐殖酸和富力酸等分析干扰。

需要开发能在监测现场稳定使用的试剂。

试剂在现场环境条件下可能存在不稳定性。含有生物分子的试剂通常在室温条件下数小时内就会降解或失去活性。即使保持了部分活性，质量控制也会受到影响。这个可以用冻干试剂解决一部分问题，但需要在现场用实验室级别的纯水来配置反应溶液。生物分子在生物芯片上的分子稳定性甚至更低。

长期研究需求

应该开发出较低交叉反应的独特表位抗体。

抗体会发生交叉反应，并受结合动力学的影响。抗体可能通过已知或未知的亲和力与非靶抗原结合。需要对每批抗体的灵敏度进行校准，即使是对单克隆抗体也需如此。如果不同的靶分子有重叠的表位，则会产生交叉反应这一严重问题。针对特定独特表位设计的抗体将具有较低的交叉反应特性。

需要研究能够检测新型、进化和生物工程微生物的方法和技术。

新型微生物和生物工程微生物可能会逃脱检测。即使有广泛的捕获能力，微生物也会随着进化而失去目标表位或 DNA，从而逃脱检测。如果获得了捕获分子的详细信息，生物工程病原体可以被设计成专门逃避探测器。唯一能将这一问题最小化的现有技术是由 Isis Pharmaceuticals 公司开发的三角定位鉴定遗传风险评估 Triangulation Identification Genetic Evaluation of Risks（TIGER），其将多种方法（DNA 碱基组成和 PCR）集成到 1 个分析中。

10.2.9　放射性污染物的检测

有已证实的技术可以检测废水中的辐射，但尚未对饮用水的技术进行转移或应用。只有少数产品声称适用于饮用水，一些产品是以定期取样为基础。此外，正确的设备和方法将根据当地条件（如温度和湿度）或辐射源放射性核素的特性而有所不同。一些供应商正在开发其他产品，但目前仍不清楚这种威胁是否值得使用这些昂贵的产品。少数已经上市的商品应由美国国家环境保护局或专门研究辐射的国家实验室进行验证。定期取样可以通过大多数产品来执行，但尚不清楚是否有任何通用监测器可以触发更详细的分析。此外，本研究中提到的所有辐射监测设备通常都需要安装、设置和日常校准，即使它们被标记为免维护。因此，目前还没有辐射监测的早期预警，由于市场的需求不大而导致发展较缓。

短期研究需求

应开发和验证用于饮用水监测的 β 辐射和 γ 辐射检测器。

只有个别探测器被设计用于监测 α 和 β 放射性。同时只有少数探测器是为在线监测 γ 辐射而设计的。似乎还没有对监测饮用水辐射恐怖袭击的设备进行验证研究。

长期研究需求

需要低成本的在线辐射监测器。

虽然在线分析仪在监测水质方面是有效的，但它们价格昂贵且数量有限。因此，许多机构可能会发现采样设备更契合实际应用。制造商正在开发和改善小型化的流式闪烁技术的其他应用。相关部门与企业需要与这些制造商合作，为小型化监测设备进行研究和定制。

应开发专门针对供水系统的监测器。

由于对饮用水监测器的要求更为严格，其中一些监测器被用于监测废水，而不是供水系统。废水监测器将更倾向于检测意外泄漏，而不是蓄意污染。

参 考 文 献

［1］ ACS (2002) American Chemical Society. "PNNL Research: Biodetection Enabling Analyte Delivery System." *Chemical and Engineering News*. 80(20): 32–36.

［2］ ASCE (2004) Interim Guidelines for Designing an Online Contamination Monitoring System, American Society of Civil Engineers.

［3］ Alberts, B; Bray, D; Lewis, J; Raff, M; Roberts, K; Watson, JD. (1994) *Molecular Biology of the Cell*. Third Edition Garland Publishing Inc. NewYork.

［4］ AWWA Workshop (2004) Contamination Monitoring Technologies sponsored by the American Water Works Association, Richmond, VA; May 2004.

［5］ AwwaR F (2002) Online Monitoring for Drinking Water Utilities (Project #2545) Order number 90829. Report prepared by: E. Hargesheimer, O. Conio, and J. Popovicova.

［6］ Bahadur, R; Samuels, W; Pickus, J. (2003a) Case Study for a Distribution System Emergency Response Tool. AwwaRF, Denver, CO.

［7］ Bahadur, R; Samuels, W; Grayman, W; Amstutz, D; Pickus; J. (2003b) PipelineNet: A Model for Monitoring Introduced Contaminants in a Distribution System. World Water & Environmental Resources Congress, Environmental & Water Resources Institute–ASCE.

［8］ Baxter, C W; Lence, B J. (2003) A Framework for Risk Analysis in Potable Water Supply. World Water & Environmental Resources Congress, Environmental & Water Resources Institute–ASCE.

［9］ Berry, E D; Siragusa, G R. (1999) Integration of hydroxyapatite concentration ofbacteria and semi–nested PCR to enhance detection of *Salmonella typhimurium* from ground beef and bovine carcass sponge samples. *J. Rapid Methods Automation Microbiol*. 7: 7–23.

［10］ Berry, J; Hart, W; Phillips, C; Uber, J. (2004) A General Integer–Programming–Based Framework for Sensor Placement in Municipal Water Networks. World Water & Environmental Resources Congress, Environmental & Water Resources Institute – ASCE.

［11］ Black & Veatch (2004) "Water Monitoring Equipment for Toxic Contaminants

Technology Assessment" General Dynamics, and Calspan/University of Buffalo Research Center, October 2004.

［12］Bodurow, C C; Campbell, D P; Gottfried, D S; Xu, J; Cobb-Sullivan, J M; Caravati, K C. (2005) A low-cost, real-time optical sensor for environmental monitoring and homeland security. EPA Science Forum 2005. http://www.epa. gov/sciforum/2005/pdfs/oeiposter/bodurow_catherine.pdf.

［13］Bravata, D M; Sundaram, V; McDonald, K M; Smith, W M; Szeto, H; Schleinitz, M D; Owens, D K. (2004) Evaluating detection and diagnostic decision support systems for bioterrorism response. *Emerging Infectious Diseases*.10(1): 100-108.

［14］Bunk, S. (2002) Sensing Evil. *The Scientist*. 16(15): 13.

［15］Carlson, K; Byer, D; Frazey, J. (2004): Section 5.2-Candidate Instruments and Observables. Section 5.3.-Models. May, 2004 Draft of Methodology and Characteristics of Water System Infrastructure Security.

［16］Cross, H. (1936) Analysis of Flow in Networks of Conduits or Conductors. Univ. of Illinois Eng. Experiment Station Bulletin. Page 286.

［17］DARPA (2004) Chemical and Biological Sensor Standards Study. LTC John Carrano, Study Chair. Daviss, B. (2004) A Springboard to Easier Bioassays. *The Scientist*. 18(4): 40. March 1, 2004.

［18］Deininger, R; Lee, J Y. (2001) Rapid determination of bacteria in drinking water using an ATP assay. *Analytical Chemistry and Technology*. 5(4): 185-189.

［19］DSRC Meeting (2004) Distribution System Research Consortium Draft Summary Report. Distribution System Research Consortium Meeting, presentations by Vowinkle, Uber, and McKenna: August 25-26, 2004, Cincinnati, Ohio USEPA.

［20］ECBC (2002) *Bio-detectorAssessment*. ECBC-TR-171, March 2002, Walther, Emanuel and Goode. Edgewood Chemical Biological Center.

［21］Emanuel, P; Chue, C; Kerr, L; Cullin, D. (2003) Validating the Performance of Biological Detection Equipment: the Role of the Federal Government, BioSecurity and Bioterrorism: Biodefense Strategy, Practice and Science.

［22］ECAC (1999) Engineering Computer Applications Committee Calibration Guidelines for Water Distribution System Modeling. Proc. AWWA ImTech Conference, 1999.

［23］EPA (2000) Multi Agency Radiation Survey and Site Investigation Manual. (EPA 402-R-97-016), August, 2000.

［24］EPA (2003) A Review of Emerging Sensor Technologies for Facilitating Long-Term Ground Water Monitoring of Volatile Organic Compounds. (EPA 542-R-03-007) http://www.epa.gov/tio/download/char/542r03007.pdf.

［25］EPA-ETV (2004) U.S. Environmental Protection Agency, Environmental Verification Program http://www.epa.gov/etv/.

［26］EPA (2003/2004) Response Protocol Toolbox: Planning for and Responding to Drinking Water Contamination Threats and Incidents. Modules 1-6. 2003/2004.

［27］EPA (2004) Office of Research and Development, Shaw Environmental, Draft Report Evaluation of Water Quality Sensors in Distribution Systems; May 2004 and EPA, Office of Research and Development, Shaw Environmental, Draft Report: Water Quality Sensor Responses to Chemical and Biological Warfare Agent Simulants in Water Distribution Systems July 2004.

［28］EPA (2005) Distribution System Water Quality Report: A Guide to the Assessment and Management of Drinking Water Quality in Distribution Systems. ORD NRMRL Water Supply and Water Resources Division. June 2005 Draft.

［29］Fitzgerald, D A. (2002) Microarrayers on the spot. *The Scientist*. 16(4): 42.

［30］Fontenot, E; Ingeduld, P; Wood, D. (2003) Real-time Analysis of Water Supply and Water Distribution Systems, World Water & Environmental Resources Congress, Environmental & Water Resources Institute-ASCE.

［31］Goodey, A P; McDevitt, J T. (2003) Multishell Microspheres with Integrated Chromatographic and Detection Layers for Use in Array Sensors. *J. Am. Chem. Soc.* 125(10): 2870-2871.

［32］Gorman, J. (2003) NanoLights! Camera! Action! Tiny semiconductor crystals reveal cellular activity like never before. *Science News*. 163(7): 107.

［33］Grayman, W; Roberson, A; States, S. (2003) AWWA Contamination Monitoring Technologies Seminar; Richmond, VA. May 2003.

［34］Grayman, W; Deininger, R; Males; Gullick, R. (2004a) Source water early warning systems. Chapter in *Water Supply Systems Security*. Edited by Larry Mays, McGraw-Hill and Companies, New York, NY.

［35］Grayman, W M; Clark, R M; Harding, B L; Maslia, M; Aramini, J. (2004b) Reconstructing Historical Contamination Events. Chapter in *Water Supply Systems Security*. Edited by Larry Mays, McGraw-Hill and Companies, New York, NY.

［36］Grayman, W; Rossman, L; Deininger, R; Smith, A C; Smith, J. (2004c) Mixing and aging of water in distribution system storage facilities. *J. AWWA*. 96(9).

［37］Grow, A E; Deal, M S; Thompson, P A; Wood, L L. (2003) Evaluation of the Doodlebug: a biochip for detecting waterborne pathogens. Water Intelligence Online IWA (WERF).

［38］Hasan, J; States, S; Deininger, R. (2004) Safeguarding the security of public water supplies using early warning systems: A Brief Review. *J. of Contemporary Water*

Research and Education. 129: 27-33.

[39] Haupt, K. (2002) Creating a good impression. *Nature Biotechnology.* 20: 884-885.

[40] Heroux, K. and Anderson, P. (No date) "Evaluation of a Rapid Immunoassay System for the Detection of *Bacillus anthracis* Spores." U.S. Army Edgewood Chemical Biological Center, Aberdeen Proving Ground, MD. http://www.responsebio.com/pdf/EdgewoodEvaluation.pdf.

[41] Hindson, B J; Brown, S B; Marshall G D; McBride, M T; Makarewicz, A J; Gutierrez D M; Wolcott D K; Metz, T R; Madabhushi, R S; Dzenitis, J M; Colston, B W Jr. (2004) Development of an automated sample preparation module for environmental monitoring of biowarfare agents. *Analytical Chemistry.* 76(13): 3492-3497.

[42] Hrudey, S E; Rizak, S. (2004) Discussion of rapid analytical techniques for drinking water security investigations. *J. AWWA.* 96(9): 110-113.

[43] Kessler, A; Ostfeld A; Sinai, G. (1998) Detecting accidental contaminations in municipal water networks. *J. of Water Resources Planning and Management.* 124(4): 192-198.

[44] King, K L. (2004) Presentation by K.L. King, Event Monitor for Water Plant or Distribution System Monitoring; Hach Homeland Security Technologies; AWWA Water Security Congress; April 25-27, 2004.

[45] ILSI (1999) Early Warning Monitoring to Detect Hazardous Events in Water Supplies. International Life Sciences Institute-Risk Science Institute. http://rsi.ilsi.org/file/EWM.pdf.

[46] Jentgen, L; Conrad, S; Riddle, R; Von Sacken, E W; Stone, K; Grayman, W M; Ranade, S. (2003) Implementing a Prototype Energy and Water Quality Management System. AwwaRF/AWWA.

[47] Kirby, R; Cho, E J; Gehrke, B; Bayer, T; Park, Y S; Neikirk, D P; McDevitt, J T; Ellington, A D. (2004) Aptamer-based sensor arrays for the detection and quantitation of proteins. *Analytical Chemistry.* 76(14): 4066-4075.

[48] Koblizek, M; Maly, J; Masoji'dek, J; Komenda, J; Kucera,T; Giardi, M T; Mattoo, A K; Pilloton, R. (2002) A biosensor for the detection of triazine and phenylurea herbicides designed using photosystem ii coupled to a screen-printed electrode. *Biotechnology and Bioengineering.* 78(1): 110-116.

[49] Kretzmann, H; Van Zyl, J. (2004) Stochastic Analysis of Water Distribution Systems. World Water & Environmental Resources Congress, Environmental & Water Resources Institute - ASCE.

［50］ Kuhn, R; Oshima, K. (2002) Hollow-fiber Ultrafiltration of *Cryptosporidiumparvum* oocysts from a wide variety of 10-L surface water samples. *Canadian J. of Microbiology*, 48(6): 542-549.

［51］ Lee, B; Deininger, R; Clark, R. (1991) Locating monitoring stations in water distribution systems. *J. AWWA*. 83(7): 60-66.

［52］ Li, Z; Buchberger, S; Tzatchkov. (2005) Importance of Dispersion in Network Water Quality Modeling. Proc. World Water & Environmental Resources Congress, Environmental & Water Resources Institute - ASCE. 2005.

［53］ Li, Z; Buchberger, S. (2004) Effect of Time Scale on PRP Random Flows in Pipe Network. World Water & Environmental Resources Congress, Environmental & Water Resources Institute - ASCE.

［54］ Mays, L W. (2004) *Water Supply Systems Security*. New York: McGraw-Hill.

［55］ McCleskey, S C; Griffin, M J; Schneider, S E; McDevitt, J T, Anslyn, E V. (2003) Differential receptors create patterns diagnostic for ATP and GTP. *J. Am. Chem. Soc*. 125(5): 1114-1115.

［56］ Murray, R; Janke, R; Uber, J. (2004) The Threat Ensemble Vulnerability Assessment Program for Drinking Water Distribution System Security, Proceedings of the World Water and Environmental Resources Congress, Salt Lake City, June 2004.

［57］ Ostfeld, A. (2004) Optimal Monitoring Stations Allocations for Water Distribution System Security. Chapter in *Water Supply Systems Security*. Edited by L. Mays, McGraw-Hill.

［58］ Ostfeld, A; Salomons, E. (2004) Optimal layout of early warning detection stations for water distribution systems security. *J.WRPM, ASCE*. 130(5): 377-385.

［59］ Perkel, J M. (2003) Microbiology vigil: probing what's out there. *The Scientist*. 17(9): 40.

［60］ Pesavento, M; D'Agostino, G; Alberti, G. (2004) Molecular Imprinted Polymers as Sensing Membrane for Direct Electrochemical Detection of Pollutants, IAEAC: The 6th Workshop on.

［61］ Biosensors and BioAnalytical µ-Techniques in Environmental and Clinical Analysis ENEA-University of Rome "La Sapienza" : October 8-12, 2004 - Rome, Italy.

［62］ Powell, J; Clement, J; Brandt, M; Casey, R; Holt, D; Grayman, W; Le Chevallier, M. (2004) Predictive Models for Water Quality in Distribution Systems. AwwaRF-AWWA, Denver, CO.

［63］ Pyle, B H; Broadway, S C; McFeters, G. (1999) Sensitive detection of *Escherichia coli* O157: H7 in food and water by immunomagnetic separation and solid-phase laser cytometry. *Applied and Environmental Microbiology*. 65: 1966-1972.

[64] Quist, G M; DeLeon, R; Felkner, I C. (2004) Evaluation of a Real-time Online Continuous Monitoring Method for *Cryptosporidium*. AwwaRF Project #2720.

[65] Rider, T H; Petrovick, M S; Nargi, F E; Harper, J D; Schwoebel, E D; Mathews, R H; Blanchard, D J; Bortolin, L T; Young, A M; Chen, J; Hollis, M A. (2003) A B cell-based sensor for rapid identification of pathogens. *Science*. 301: 213-215.

[66] Rife, J C; Miller, M M; Sheehan, P E, Tamanaha, C R; Tondra, M; Whitman, L J. (2003) Design and performance of GMR sensors for the detection of magentic microbeads in biosensors. *Sensors and Actuators A*. 107: 209-218.

[67] Roberson, J A; Morley K M. (2005) Contamination Warning Systems for Water: An Approach for Providing Actionable Information to Decision-makers. American Water Works Association. http://www.awwa.org/Advocacy/pressroom/pr/index.cfm?ArticleID=424.

[68] Rosen, J S; Miller, D M; Stevens, K B; Ergul, A; Sobrinho, J A H; Frey, M M; Pinkstaff, L. (2003) Application of Knowledge Management to Utilities. AWWA Research Foundation. ISBN 1-P-4.5C-90895-2/03-CM.

[69] Rossman, L. (2000) EPANET Version 2 User's Manual. USEPA.

[70] Ruan, C.; Zeng, K; Varghese, O K; Grimes, C A. (2004a) A staphylococcal enterotoxin B magnetoelastic immunosensor. *Biosensors and Bioelectronics*. 20: 585-591. 163.

[71] Ruan, C; Varghese, O K; Grimes, C A; Zeng, K; Yang, X; Mukherjee, N; Ong, K G. (2004b) A magnetoelastic ricin immunosensor. *Sensor Letters*. 2: 1-7.

[72] Ruan, C; Zeng, K; Varghese, O K; Grimes, C A. (2003) Magentoelastic immunosensors: amplified mass immunosorbent assay for the detection of *Escherichia coli* O157: H7. *Analytical Chemistry*. 75: 6494-6498.

[73] Shaffer, K M; Gray, S A; Fertig, S J; Selinger, J V. (2003) Neuronal Network Biosensor for Environmental Threat Detection. Internet abstract found at: http://www.nrl.navy.mil/content.php?P=04REVIEW118.

[74] States, S. (2004) Rapid Screening, How Good Is it for Security Investigations? AWWA Jan 2004.

[75] Tamanaha, C R; Whitman, L J; Colton, R J. (2002) Hybrind macro-micro fluidics system for a chip- based sensor. *J. of Micromechanics and Microengineering*. 12: N7-N17.

[76] Tuck, K; Powers, M.; Millward, H; Chen, Y; Zharkikh, L; Wall, M; Li, W; Gundry, C; Pavlov, I; Ditty, S; Hadfield, T; Karaszkiewicz, J; Nielsen, D; Teng,

DH-F. (2005) Joint Biological Agent Identification and Diagnostic System (JBAIDS): Stability and Sensitivity of Freeze-Dried Real-Time PCR Assays. American Society of Microbiology 2005. Abstract 089/Y-018.

[77] Uber, J; Janke, R; Murray, R; Meyer, P. (2004a) Greedy Heuristic Methods for Locating Water Quality Sensors in Distribution Systems. Proc. World Water & Environmental Resources Congress, Environmental & Water Resources Institute-ASCE, 2004.

[78] Uber, J; Shang, F; Rossman, L. (2004b) Extensions to EPANET for Fate and Transport of Multiple Interacting Chemical or Biological Components. World Water & Environmental Resources Congress, Environmental & Water Resources Institute – ASCE.

[79] Van Bloemen Waanders, B G; Bartlett, R; Biegler, L; Laird, C (2003) Nonlinear Programming Strategies for Source Detection of Municipal Water Networks. World Water & Environmental Resources Congress, Environmental & Water Resources Institute – ASCE.

[80] Walski, T M; Chase, D V; Savic, D A; Grayman, W; Beckwith, W; Koelle, E. (2003) Advanced Water Distribution Modeling and Management, Haestad Methods. Waterbury CT: Haestad Press.

[81] Watson, J; Greenberg, H J; IIart, W E. (2004) A Multiple-Objective Analysis of Sensor Placement Optimization in Water Networks. World Water & Environmental Resources Congress, Environmental & Water Resources Institute-ASCE.

[82] Whelan, R J; Wohland, T; Neumann, L; Huang, B; Kobilka, B K; Zare, R N. (2002) Analysis of biomolecular interactions using a miniaturized surface plasmon resonance sensor. *Analytical Chemistry*. 74: 4570-4576.

[83] Whelan, R J; Zare, R N. (2003) Surface plasmon resonance detection for capillary electrophoresis separations. *Analytical Chemistry*. 75: 1542-1547.

[84] Whitman, L J; Sheehan, P E; Colton, R J; Miller, R L; Edelstein, R L; Tamanaha, C R. (2001) Naval Research Laboratory Review/Chemical/Biochemical Research.

[85] WHO (2004) Public Health Response to Biological and Chemical Weapons: World Health Organization Guidance. http://www.who.int/csr/delibepidemics/biochemguide/en/index.html.

附录 A
WaterSentinel 概述

在"9·11"事件后，保护国家水基础设施的安全就成为美国国家环境保护局（EPA）最重要的工作和责任之一。对水基础设施的攻击，甚至是威胁，都可能严重危害社区的公共卫生、基础建设和经济活发展。尽管历史证据表明，蓄意污染饮用水的可能性相对较低，但专家们一致认为有可能会污染饮用水系统的一部分，从而导致不利的公共卫生后果。此外，污染威胁的可能性（仅表明饮用水可能发生污染）相对较高。鉴于饮用水污染可能达到公共卫生关注的水平，以及水务部门认为可能发生的污染威胁，因此有必要评估任何污染威胁的可能，并在短时间内确定适当的响应和行动。

为了认识到这一威胁，并呼应国土安全部总统第 9 号指令，美国国家环境保护局制定了 WaterSentinel 倡议。HSPD-9 指示 EPA：

- "开发稳定、全面和充分协调的水质监控和监测系统，提供疾病、害虫或有毒物质的早期预警和响应"。

- "开发全国性的水质实验室网络，整合现有的联邦和州实验室资源，相互连接，并制定标准化的诊断协议和规程。"

拟议的 WaterSentinel 计划将建立在美国国家环境保护局现有的工作基础上，设计部署污染预警系统（CWS）。CWS 是"早期预警系统"升级的概念，包括主动部署和使用监测技术／策略和深入监测活动来收集、集成、分析和沟通信息，来及时提供潜在污染事件预警并启动响应行动，以尽量减少公共卫生和经济受到的影响。

对水体污染威胁作出有效、及时反应的关键是尽量减少从确认污染事件或水质变化到实施有效响应措施之间的时间。识别污染威胁旨在确定威胁是否可信同时在可信威胁发生时保护公众健康的响应行动。通过实施 CWS 可以实现早期检测。CWS 不仅仅是置于水系统中的预警污染的监测器及设备的集合。从根本上说，CWS 是一种信息管理的综合体。必须及时管理、分析和解释不同的信息流，及时识别潜在的污染物，从而作出有效反应。

图 A-1 展示了 WaterSentinel 污染警报系统（WS-CWS）操作概念的组成部分。虽然有效的 CWS 来应设计最大限度地检测意外及蓄意污染事件，但目前重要的是通过系统的过程来证明 CWS 组件的设计和集成的有效性，且该过程可以随着时间的推移进行扩展和调整，以确保可持续性。

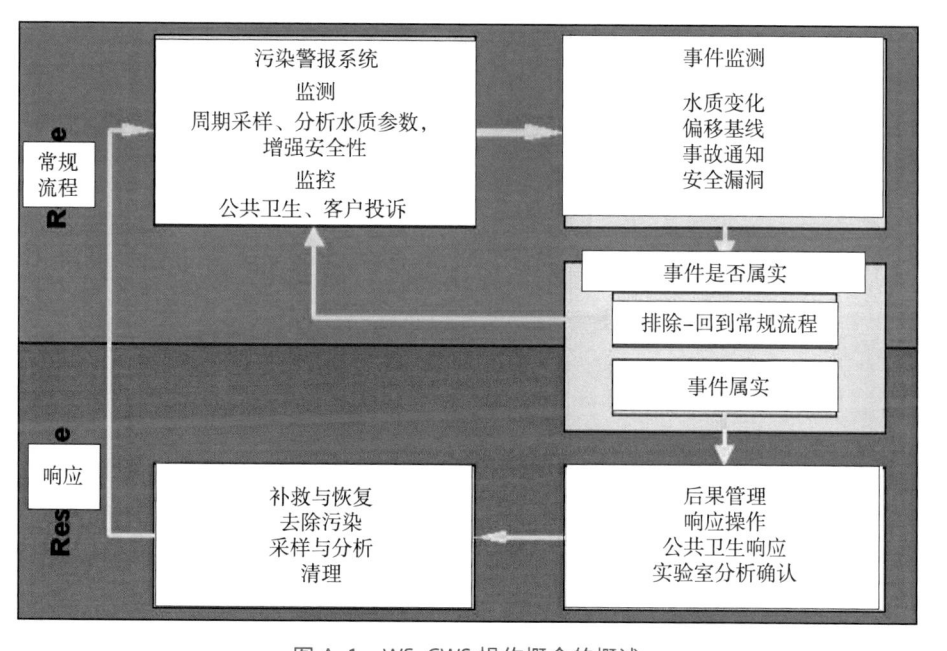

图 A-1　WS-CWS 操作概念的概述

在 WS-CWS 的设计中，美国国家环境保护局将与饮用水相关部门和企业以及利益相关者、技术专家、公共卫生、执法和其他联邦机构的代表一起将重点放在第一代 CWS 组件上，这些组件首先是发现具有代表性的优先污染物名单，以提高相关部门和企业在应对污染威胁或事件的能力。此外，WS-CWS 将为非安全相关的水质问题提供运营效益，并加强水企与地方卫生部门的协作 / 整合。通过与这些合作伙伴的合作，美国国家环境保护局将利用 WaterSentinel 示范项目的成果来开发可持续的 CWS 模式，该模式可以由全国各地的相关部门和企业执行。

WS 计划的主要组成部分

WS 计划的主要组成部分包括:

系统架构和程序设计

基准污染物的选择

实验室的支持和水质化验室联盟

事件检测和确认

后果管理

数据管理

体系架构和程序设计

WS 系统体架构将定义 WS-CWS 的概念方法,并记录 CWS 组件的最有效组合,以生成可被水务公司采用和实施的可持续计划。CWS 的关键组件如图 A-2 所示,其描述如下:

- 水质监测。

作为 CWS 的一部分,有多种方法可用于监测水质。WS-CWS 将主要关注如下两个选项。

- 在线监测水质参数的变化。

在线监测水质参数,例如余氯、pH、电导率、浊度等,能够在一定程度上检测到与已建立的水质基准线相比的可识别的变化,并作为潜在污染的指示。

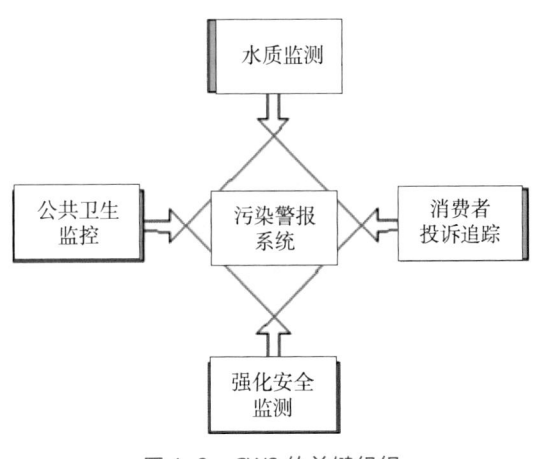

图 A-2　CWS 的关键组织

- 选择污染物的常规取样。

水样可以在预定的频率或触发警报时进行收集，并对特定的目标污染物进行分析。如果常规监测程序中使用的分析技术足够可靠，并且如果经过培训的分析人员初步调查确定的污染物，也有可能检测到一些非目标分析物。

- 消费者投诉监督。

消费者对水的不寻常味道、气味或外观的投诉会被报告给自来水公司并记录下来，后者通常由此来识别和处理水质问题。使用适当的方法，WS 可以跟踪并分析这些投诉，以寻找可能表明污染事件的异常趋势。

- 公共卫生监控。

如果公共卫生和饮用水部门之间有紧密的联系，公共卫生部门的状况监测以及 "911" 呼叫中心和毒物控制热线的报告也可能会作为潜在饮用水污染事件的警报。

- 增强安全监控。通过加强安全措施，可以监测安全漏洞，目击者和肇事者证词、新闻媒体或执法部门的通知。

在为一个给定的公共事业开发 WS 系统体系结构时，需要考虑的因素包括：

- 可持续性和双重用途：相关公司运营和维护 WS-CWS 的能力，以有保证解决水安全以及日常运营和水质问题的能力。

- 实施的成本效益：能够证明实施、运行和维护 WS-CWS 的成本与收益相符。这个因素与之前对可持续性和双重用途的考虑直接相关。

- 通用的应用：无论大小、处理类型、位置或复杂性如何，以某种方式在任何饮用水项目中调整和实施 WS-CWS 设计的能力。

根据提议，美国国家环境保护局将与相关公司确定传感器位置和采样位置，开发和加强水务公司和公共卫生组织之间的沟通和协调，发现增强和整合消费者投诉和公共卫生监测的方法，并定义实施 WS-CWS 双重用途的好处。

选择基准污染物

许多已经在 WS 示范项目中经过评估可以被集成到 CWS 中的监测组件尚未在 CWS 应用中得到充分展示。因此，WS 示范项目受限于须通过其他水监测应用来充分了解或确定该技术 / 策略所检测的污染物。例如，用于监测基本水质参数的技术已有丰富的经验，包括余氯、pH 和电导率。在 WS 示范项目中使用这些成熟的技术可以帮助聚焦污染预警系统的性能，避免引入与研究方法相关的额外不确定性。一旦 CWS 的概念得到证明，就可以在这个经过验证的系统的背景下评估新的检测技术。

WS 计划的目的是加强保护，防止污染物进入饮用水系统，对公众健康或经济造成严重损害。因此，WS 计划选择候选污染物时应该考虑潜在污染物构成的威胁。建立 WS 计划的第一步是确定示范项目中所包含的基准污染物。

WS 污染物选择流程的目标是：

● 选择合理数量的基线污染物，结合使用不同的监测和监控技术 / 策略，覆盖所有优先污染物类别。

● 确定可以在近期开展的与取样和分析方法相关的研究重点，用于 WS 示范项目的评估。

● 确定取样和分析相关的长期研究重点，以确保将来覆盖所有优先污染物。

相关实验室的支持和水实验室联盟（WLA）

为了对常规监测和响应行动提供必要的分析支持，成立水实验室联盟（WLA）为饮用水设施实验室建设日常监测基准污染物的能力和容量。WLA 是实验室网络，具有广泛分析水样潜在污染物的能力。据提议，WLA 将现有的水质实验室与美国疾病控制和预防中心（CDC）建立的现有实验室反应网络（LRN）整合起来，以支持对潜在生物威胁剂的分析。

应该建立必要的确认和响应分析能力来支持 WS 计划。由于许多 CWS 组件可以提供潜在污染的非特异性指标，作为 WLA 一部分的实验室应精通筛选和分析未知的化学品、病原体和放射性核素样本。除了发展实验室能力以支持 WS-CWS 之外，发展可用于筛选、假定和验证性分析的标准化分析方法将是研究的关键点。

事件检测和确认

虽然 WS 计划的目的是收集和整合多个表明可能存在污染威胁的信息，但只有当信息能够快速和有效地指导正确响应决策时，这些信息才会在 CWS 中发挥作用。因此，需要相关的决策支持工具。

在 WS-CWS 模型中，事件检测被定义为 CWS 表明存在可能的污染事件信号。这个信号可能是一种不寻常的水质变化，一次不寻常的消费者投诉，或由公共健康监测项目发现的不寻常症状。尽管公共卫生监测系统有自己的事件检测算法，但在水质和消费者投诉方面还不存在或没有被广泛应用。因此，有必要开发事件检测软件（EDS）。EDS 最重要的功能是过滤掉常规情况下的异常，或已有、已知原因的异常，只对那些可能的污染事件发出信号。简言之，EDS 的目的是在不遗漏潜在事件的情况下降低误报率。

虽然 EDS 可以识别出潜在的污染威胁，但它不能识别需要采取应对行动以保护公众健康的切实威胁。此外，无法从确定属实的步骤中去除人为因素。但是，可以开发一种工具来辅助官员的决策，通过指导他们完成信息评估并帮助他们综合做出及时和正确的响应决策。最终，虽然决策将始终依赖于人工判断和不完全信息的评估。但是，决策工具可以在过程中提供很大的帮助，并且可以大大减少做出关键响应决策的时间。

后果管理

只有在能够及时做出有效响应决策的情况下，及早发现污染事件才能最大限度地减轻公共卫生或经济影响。后果管理协议将提供决策框架，该框架管理何时、如何、什么程度以及谁将参与做出响应污染威胁警告的决策，以最大限度地缩短响应时间并正确地实施业务或公共卫生响应行动。提供一个可靠且经过测试的后果管理方案将是启动监测和监控活动的关键环节。

使用系统方法评估分析污染警报的真实性，确保及时有效地分析所有可用的信息，以最大限度地减少误报和对尚未核实的警报做出过度响应。系统架构能识别一组集成的污染威胁警报。该警报为后果管理决策提供输入变量，后果管理协议则将在没有正式 CWS 的情况下，独立通知响应决策和污染应对策略。

数据管理

CWS 系统不仅仅是放置在供水系统中以用来生成警报的监视器和设备集合。从根本上说，是一种信息管理的系统集成，要求必须及时地管理、分析和解释不同的信息流，以便快速识别潜在的污染事件，从而作出有效反应。

WS-CWS 系统单元需要收集、集成和分析丰富的信息，以做出响应决策。对于 CWS 的每个组成部分，EPA 和 WS 倡议合作伙伴将确定分析数据的技术要求，并将潜在的污染事件与既定基准线区别开来。

基于通过 WS 系统架构和程序设计确定的 CWS 组件，可能需要从SCADA 系统、实验室信息管理系统（LIMS）、消费者投诉监控系统、安全监控系统和公共卫生监控系统中提取数据以便及时进行决策和响应。

下一阶段

WaterSentinel 已被提议作为一个示范项目，将于 2006 财年启动。美国国家环境保护局将在现有工作的基础上启动该项目。在整个 2005 财政年度，美国国家环境保护局将继续与水务部门合作，为 WaterSentinel 组织奠定基础。这些活动可以包括设计污染预警系统模型，分析可以短时有效监测的污染物，制定应对潜在事件的后果管理协议，以及研究可能用于项目部署的技术。

附录 B
参与早期预警系统的机构

以下是对参与研究、评估或开发早期预警系统的机构的简要介绍。

1 联邦机构（研究和项目）

（1）美国国家环境保护局

美国国家环境保护局在水环境保护方面发挥着主导作用。在《国家国土安全战略》（2002 年 7 月）中，美国国家环境保护局被指定负责保护国家供水。此外，根据国土安全部总统指令 -9（2004 年 1 月），美国国家环境保护局是负责农业、食品和水安全的联邦机构之一，旨在"开发稳定、全面和充分协调的监控和监测系统……提供对疾病、害虫或有毒物质的早期检测和识别。"

为了引领水安全领域的研究，美国国家环境保护局在研发办公室（ORD）成立了国家国土安全研究中心（NHSRC）。美国国家环境保护局已经进行了许多与早期预警系统有关的行动，包括以下：

①起草水安全研究和技术支持行动计划，为该项目提供了基础。

②启动 NHSRC 的水感知技术评估研究安全（WATERS）中心，开展研究项目，包括对各种传感器技术和数据采集系统进行评估。

③利用美国国家环境保护局的环境技术验证（ETV）项目，为商业环境技术（如国土安全技术）提供可靠的性能数据，包括国土安全技术如早期预警系统。

④由美国土木工程师协会赞助，制定在线污染监测系统的设计指南。

⑤于 2003 年 6 月成立供水系统研究联盟（DSRC），提供论坛就配水系统各种安全话题进行信息交流，包括早期预警系统研究（例如，传感器、实地研究、传感器布局）。

⑥形成针对饮用水供水系统安全的威胁集合脆弱性评估（TEVA）研究计

划。其中 1 个计划是帮助设计早期预警系统和评估在供水系统中定位放置传感器的策略。

⑦为紧急情况和早期预警系统制定各种指导方针。

（2）国土安全部

国土安全部成立于 2002 年，目的是保护国家免受恐怖袭击。[208] 作为这一使命的一部分，国土安全部有责任保护国家的饮用水安全。国土安全部建立了 "Ready Campaign"，目的是对公众进行持续的教育，以便让社会在紧急情况下做好准备。[209] 2004 年国土安全部总统指令 /HSPD-9 还要求国土安全部保护农业和食品系统免受攻击、灾害和其他紧急情况。[210] 该指令 "感知和警报" 部分的内容是加强情报行动确保水资产的安全，例如实施有效的监测和探测能力。该指令还要求进一步研究和开发检测、预防、表征、响应和恢复策略。此外，国土安全部与美国国家环境保护局和其他机构一起，参与评估有关技术性能的信息。[211] 国土安全部还为水污染中早期预警系统的技术研究和开发项目（如 SCADA 系统）提供了津贴。[212]

（3）国防部

在 "9·11" 恐怖袭击发生之前，核武器、生物武器和化学武器的威胁就一直是美国国防部（DOD）关注的问题。Joint Service Agent Water Monitor 联合水质监测项目和其他探测器和传感器等项目自 20 世纪 90 年代末开始成立。[213] 现在，根据 2003 年的 2000.12 号指令在 E 2.1.20 附件里的食品和水安全反恐计划，国防部有义务保护食品和水源免受破坏和污染或其他恐怖袭击。国防部必须采取行动检测、预防和减轻对食品和水源蓄意污染的影响。[214] 因此，国防部不断支持更先进的水污染检测设备的研发，使其检测速度更快、更轻、更小，并可以在污染现场使用。[215] 国防部通过资助正在开发 EWS 技术的机构来实现这一目标。最后，国防部通过其研究和开发项目［如国防高级研究计划局（DARPA）］支持 EWS 的发展，进一步描述如下。其他由国防部资助的研发组织的名单见此链接：http：//www.dtic.mil/ird/websites/orgsites.html。

①国防高等研究计划署

DARPA 是国防部下属的主要研发组织，致力于追求卓越的军事技术。[216] 对于水安全监测领域相关措施，DAPRA 正在寻找快速、高灵敏度和高度特异性的生物传感器系统。[217] 生物传感器技术项目的 4 个重点领域是：a. 基于质量的识别技术。b. 基于表面的识别技术。c. 基于核酸的识别技术。d. 基于呼吸分析的识别技术。[218] 生物传感器技术项目是与 20 所大学和实验室共同合作开展的。如本报告所述，DARPA 化学和生物传感器标准研究会提出了通过捕获灵敏度、正确检测概率、误报率和响应时间之间的性能来评估传感器的方法。

②海军科学研究实验所

海军研究实验室（NRL）是海军和海军陆战队的企业研究实验室。该实验室重点围绕海洋、大气和太空方面的科学技术研究和开发。[219] NRL 一直致力于研究和开发检测环境中污染物的方法。在与 GeoCenters 公司的合作中，开发出了一种在微芯片上检测铀等放射性物质的方法。[220] 在海军研究办公室的赞助下，NRL 还开发了一种在饮用水中进行现场测试的方法。[221] 同时 NRL 还与 GeoCenters 公司、新墨西哥州立大学和加利福尼亚大学合作开发了一种用于检测蒸汽和饮用水中氰化物的微芯片。[222] NRL 目前还在开发一种高灵敏度的生物传感器，用于监测环境中通过空气和水传播的污染物。放大生物传感器可以检测 DNA 和抗原分子之间的作用力。[223] 其他进展包括对 RAPTOR™ 和 Bead ARray Counter（BARC）芯片的开发，如本报告所述。RAPTOR™ 是一种便携式、快速、自动荧光分析系统，用于监测生物制剂、毒素、爆炸物和化学污染物。BARC 芯片由一系列固定在表面上的 DNA 点组成，[224] 用磁珠检测杂交样品 DNA。[225] BARC 的开发是由 DARPA 和 ONR 赞助的。[226]

③埃奇伍德陆军试验场

虽然埃奇伍德陆军试验场最初是作为化学武器研究、开发和测试机构建立的，但埃奇伍德现在专注于化学武器防御措施，并向陆军化学和生物防御司令部汇报。该司令部负责监督陆军的非医疗化学和生物防御活动。[227] 埃奇伍德联合水质监测项目正在积极研究在供水系统使用以下已经验证的监测传感器技术，包括常规技术、光学技术、聚合物 / 材料、分析和前哨物种。此外，还在研究 MEMS（微电子机械系统）和 MOEMS（微光学电子机械系统）等新领域，依托在其他类别中已经证明的概念。埃奇伍德正在与美国国家环境保护局合作，加强国土安全方面的研究工作。[228]

（4）美国地质调查局

水质一直是美国地质调查局关注的重要焦点。美国地质调查局已经评估了许多不同的实时连续水质监测站。[229] 此外，还加入了一系列研讨会。

1999 年 ILSI 的早期预警监测供水系统危害事件，[230] 2004 年全国监测会议，国家水质监测委员会的"建立并维持成功的监测项目"。[231] 美国地质调查局还支持了 EWS 项目，比如高效水文跟踪测试设计项目计划，该项目模拟排放 / 泄漏事件，以便测试水系统的准备情况。[232]

2 国家实验室

（1）桑迪亚国家实验室

早在 2001 年之前，桑迪亚国家实验室（SNL）的化学 / 生物项目就参与了先进传感器技术的开发，用于快速检测化学和生物制剂。[233] 这些技术大多未商业化，并且处于原型设计的各个阶段，包括 μChemLab 和微机械声化学传感器。然而，SNL 认为一旦其技术成熟，应该会提供具有成本效益的监测方案。SNL 的具体水传感器开发活动包括（Wayne Einfield，SNL，个人交流）以下内容：

①适配气相 μChemLab 以检测水中的三卤甲烷和化学试剂的水解产物。研究人员正在为现有的芯片气相色谱仪构建"前端"框架。该系统最初被开发用于分析水中的三卤甲烷以及化学试剂的水解产物。他们预计在 2005 年完成可以进行现场使用的原型。

②使用液相 μChemLab 连续在线检测水中的生物毒素。这可能是 SNL 技术中最成熟的技术组合。基于蛋白质组学的分析方案利用基于微流体的毛细管区和毛细管凝胶来分离生物毒素，并结合激光诱导荧光检测，所有这些都集成在手持现场便携式组件中。SNL 正在与两个主要的合作研究与开发协议（CRADA）伙伴进行最后的讨论，成功后将启动这个项目以优化和测试该系统，作为实时监测供水系统的设备。

③使用绝缘介电泳和微型卡具的固定装置来预浓缩水中的细菌种类。该项目旨在开发一种针对水中生物物种的预浓缩设备，有望根据污染物在电场中的流动性来分离各种类型的细菌。研究人员已经验证了区分活的和死的大肠杆菌细胞的能力，以及区分水基质中的细菌和惰性颗粒的能力。

④用于检测水中无机物的微型电解分析系统。该项目旨在检测水中的各种电活性元素（如铅、镉、砷），并使用微型多电极阵列通过阳极剥离电压法测量各种元素。SNL 的研究人员有一个台式原型，正在优化铅的分析，然而，他们预计该仪器功能可以扩展为早期预警传感器。

⑤ SNL、CH2MHill（Colorado）和 Tenix 投资公司（Australia）签署了一项协议，要求在 2005 年 6 月之前对基于 μChemLab 的在线水监测原型进行开发和测试。[234] 第一阶段的测试将聚焦检测蓖麻毒素和肉毒杆菌毒素。该开发团队最终还希望能够处理病毒、细菌和寄生虫。

（2）劳伦斯利弗莫尔国家实验室

劳伦斯利弗莫尔国家实验室（LLNL）是加州大学为美国能源部运营的国家实验室。虽然 LLNL 是作为核武器设计实验室成立的，但已经扩大了其工作领域，包括能源、生物医学和环境。[235] LLNL 一直致力于开发各种传感器技术。[236] 如本报告所述，LLNL 利用 Luminex® 技术开发了自主病原体检测系统（APDS）。该系统具有一个基于顺序注入分析（SIA）的自动样品制备模块。本报告还介绍了 LLNL 公司开发的基于实时荧光定量 PCR（TaqMan）的"手持式核酸分析仪"（HANAA）。

（3）橡树岭国家实验室

橡树岭国家实验室（ORNL）是由 UT-Battelle 有限责任公司为能源部管理的科技实验室。[237] ORNL 在能源、环境和国家安全领域进行研究和开发。此外，该实验室还提供同位素，管理信息和技术项目，并向其他组织提供研究和技术援助。[238] ORNL 是开发生物传感器和生物报告的顶尖实验室之一。[239] 关于水中的早期预警系统，ORNL 开发了大型供水哨兵装置，一种分析藻类光合作用特性的设备，以应对军事和城市用水安全的担忧。[240] ORNL 还批准了由 Protiveris 生产的 VeriScan™3000 系统。[241] 此外，ORNL 还与高级生物医学光子学中心和高级生物医学科学与技术集团等组织联合。[242] ORNL 的研究人员正在与田纳西大学的 Gary Sayler 就生物传感器和纳米技术进行合作（Gary Sayler, 田纳西大学, 个人交流）。

（4）太平洋西北国家实验室

太平洋西北国家实验室（PNNL）是由 Batelle 为能源部运营的国家实验室。PNNL 在环境、能源、卫生、国家安全和经济领域进行研究和开发，并支持教育培训。[243] 甚至在"9·11"之前，国土安全就已经成为 PNNL 关注的重点。在化学、核武器和生物武器探测领域，PNNL 为传感器和测量技术、电子（包括控制）和系统集成应用的发展做出了贡献。[244] PNNL 的传感器和电子部门正在生物传感器、化学传感器、物理性质传感器、核辐射传感器和宏观特性测量等领域开发其电子设备和系统。[245] 为了补充生物威胁的快速检测，PNNL 开发了生物检测分析物输送系统 Biodetection Enabling Analyte Delivery System（BEADS）。BEADS 技术可以从水、空气或污泥样本中分离细菌、孢子、病毒及其 DNA，而不需要人工配置样本。[246]

（5）爱达荷国家实验室

2005 年 2 月 1 日，爱达荷国家工程和环境实验室与阿贡国家实验室（西部）共同成立了爱达荷国家实验室（INL[247]）。EPA-NHSRC 和 INL 签署了机构间协议，以开发和生产下一代超滤浓缩（UC）装置的原型设备，之前由 NHSRC 和其他利益相关者开发。UC 台式装置可以在大约 2 小时内将 100 L 城市饮用水样本中的微生物病原体浓缩至 250 mL 体积中（400 倍的浓度）。INL 希望使用已经在辛辛那提的 NHSRC 上测试过的台式 UC 系统来重新设计、包装和自动化该组件，这样新设备就可以作为一个接近商品化的现场原型系统来运行。

3 其他机构 / 组织

（1）匹兹堡供水和污水管理局

匹兹堡供水和污水管理局是水环境研究基金会和美国国家环境保护局资助的组织之一，目的是识别、筛选和处理污染物确保水质安全。例如，管理局对许多快速检测饮用水的新技术进行了验证测试。还将确定进入下水道污水的生物、化学和辐射相关的风险和毒性，分析废水处理设施的周期和运输以及处理方法，并制定紧急操作 / 遏制程序。[248]

（2）美国国家科学院：水科学与技术委员会

水科学与技术委员会（WSTB）是由国家研究委员会于 1982 年组织成立，为与水质和水资源有关的研究提供了研究重点。[249] 由 WSTB 管理的 EWS 项目包括"公共供水系统：评估和降低风险"，[250] 以及"对美国美国国家环境保护局国土安全工作的评估：水系统安全研究"。[251]

（3）美国水务工程协会研究基金会

美国水务工程协会研究基金会（AwwaRF）是一个国际非营利组织，它赞助其成员机构的研究工作，以提供安全和平价的饮用水。[252] AwwaRF 在政府机构的支持下（如疾控中心和美国国家环境保护局、国家和国际研究基金会、城市和州水务部门以及大学）已经赞助了许多水安全项目。这些项目涵盖了广泛的水安全主题，包括技术评估、在线监测和早期预警系统、通信、微生物污染评估和灾害响应。

与饮用水早期预警系统相关的 AwwaRF 项目侧重的是对病原体、化学品、辐射和生物毒素的早期检测，以便相关公司和部门能够在水系统受到蓄意污染的情况下作出适当的反应。随着对恐怖袭击担忧的加剧，快速检测和识别污染物的能力至关重要。AwwaRF 项目的主要重点之一是开发一种能够实时检测所有有害物质的便携式、手持式水质检测器，并配有监督控制和数据采集（SCADA）系统，以促进和推进监测和通信。项目正在开发和推进多角度光散射（MALS）等技术方法来识别大肠杆菌和小隐孢子虫不同阶段。其他项目的重点是战略规划，从防止饮用水污染系统、选择水样取样地点和方法、保护设施的 SCADA 设备，到应急管理规划。最后，一些项目聚焦重点超出水处理和供水系统。例如，使用终端饮用水处理设备可用作短期应急响应选项。AwwaRF 项目摘要详见附录 D。

（4）水环境研究基金会

水环境研究基金会（WERF）成立于 1989 年，旨在资助废水和水质研究。[253] 该基金会的成员是水厂、市政当局、企业和工业组织，他们都对促进水质科学和技术的研究和发展有着共同的兴趣。WERF 的绝大多数研究涵盖了广泛的科学和技术学科（例如，微生物学、废水生态学、毒理学、生物科学、环境工程和仪器学）以及社会/行为科学（例如，传播学和公众认知）。

在"9·11"事件之前，WERF 已经对传感器进行了研究，以研究进水毒性监测和过程控制。自"9·11"事件之后，WERF 在美国国家环境保护局安全拨款的支持下，一直在①化学、生物和放射性污染事件（意外或蓄意），②设计跟踪废水异常特征的专家支持系统，③管道输送系统污染物扩散的 GIS 建模，④设计用于跟踪化学和生物污染物的在线实时早期异常预警装置（UEWD）专用传感器，⑤与水/废水设施过程控制系统相关的网络安全。WERF 在 2000 年对 UEWDs 进行了评估，建议需要进行基础研究来阐明流入事件（源）是如何导致中间生化/物理化学反应（起因），最终导致对处理流程明显的干扰（影响）。2004 年，WERF 赞助了水质监测传感器技术研究，涉及光纤生物传感器（用于快速病原体检测）、生物发光生物传感器（用于毒性筛选）和 X 射线荧光光谱（用于水性金属）的。WERF 还组织了一个传感器研讨会（2005 年 8 月 30 日至 31 日），探究快速在线污染物监测领域研发需求的优先顺序。

（5）美国土木工程师协会‐水基础设施安全增强协会（WISE）‐标准委员会

美国国家环境保护局已与 WISE 签订合同，将编制一份指导文件协助水务公司设计和安装在线污染监测系统，以检测蓄意污染事件。

（6）罗格斯大学

在美国国家环境保护局的支持下，罗格斯大学一直参与 EWSs 的研究。例如，他们最近主办了一次关于实时监测、建模饮用水健康和安全的先进技术的年度研讨会。[254]

附录 C
选择的产品和技术的清单与标准

本 EWS 文件的研究目的是报告检测污染物的最先进技术，特别是饮用水分配系统中的化学 / 微生物 / 放射性污染物的监测。为了聚焦这个相对较新的领域中最有前途的产品 / 技术，制定了以下标准在本文中介绍技术和产品。技术清单在本附录的末尾。

指定了以下三种技术发展状态：

①现在可用（正在使用或可被自来水公司使用）。

②使用了潜在可适配的技术（但需要额外的步骤来解决用于供水系统时特定的难题）。

③可能适用的新兴技术。

区分类别的首要区分准则是关注现场便携式（携带到现场）和在线技术（不是台式设备）。此外，由于对市场可行性的分析超出了该文件的范围，因此无论技术 / 产品在某些时候对水务行业是否具有成本效益，都将予以介绍，然而，一些昂贵的技术 / 产品可能不会被考虑，因为制造商已经确定他们的产品对于水质检测市场来说过于昂贵，因此没有积极开发或调整他们的产品用于水质检测。

（1）类别 1：现在可用

标准：

①现在可用于用水体监测。

②可能针对水体进行验证，可能用于供水系统。

标准详述：

市场上专门为饮用水供水系统销售的便携式和在线产品。这包括基本的水质在线监测器，因为它们可以改进后提供 CBW 制剂早期预警。这还包括面向自来水公司销售的毒性试剂盒。这将涵盖 ASCE 指南中列出的在线技术，并包括额外的便携式套件和设备。

（2）类别2：使用了具有潜在可适配的技术（但需要额外的步骤来解决用于供水系统时特定的难题）

标准：

①已具备用于水体的台式设备，以及正在研发中的现场便携式版本（携带到现场）。

②便携式水质监测产品，但有一些障碍（样品浓缩，除氯）。

③可用于检测CBW制剂（用于其他介质，如食品或空气），并可适用于水（附属设备）。

④类似应用中使用的技术（源水）。

标准详述：

如果采取额外步骤制备样品，一些以外的应用技术也可用于监测饮用水。

①需要去除氯残留物的系统——基于细胞和有机体的生物监测器。它们对饮用水的适配依赖于去除氯残留物方法的发展。这些方法还处于研究阶段，但都十分需求，因此应该会在近期推出。

②样品体积浓缩——一些技术，如便携式PCR系统，如果与可将较大体积的样品浓缩成反应体积的方法结合使用，则可以应用于饮用水样品。这些产品的出现代表样品浓缩技术近期实现。

③汽化/挥发——市面上一些应急人员用于检测CBW试剂的便携、在线气相检测器如果与附属设备一起使用，则可以读取水样数据。现有用于蒸发和挥发的方法/设备不建议用于微生物检测。特定的气相采样产品注明它们尚未被验证用于水体监测。目前相关公司对将现有产品改进后用于水体监测很感兴趣。

（3）类别3：新兴技术

标准：

①被定义为有前景的技术，应直接从EWS技术组织（AwwaRF，EPA，DHS，DOD）获得资金/拨款。

②在权威研讨会的文献中多次出现（可能是不同的研究人员）。公司、大学、国家实验室或政府进行过研究，现在正被授权给公司进行原型或产品的开发/测试。

③概念验证已得到证明，该技术仍在积极研发中。

④随着技术发展可以被应用于饮用水样品。

标准详述：

本文审查了以下会议摘要以确定哪些技术是当前的热门话题：

2004 Biodetection Technologies 公司，Washington DC，2004 年 6 月 [255]

Detection Technologies 公司，Arlington, VA，2003 年 12 月 [256]

Research, Technologies and Applications in Biodefense, Washington, DC，2003 年 8 月 [257]

2003 Biodetection Technologies 公司, Arlington, VA,，2003 年 6 月 [258]

Biosensing Research and Development, World Technology Evaluation Center 公司，National Institutes of Health，2002 年 12 月 [259]

Detection Technologies 公司, Arlington, Va，2002 年 12 月 [260]

Workshops on Advanced Technologies in Real-Time Monitoring and Modeling for Drinking Water Safety and Security, Rutgers CIMIC，Newark, NJ，2002 年 6 月和 12 月 [261]

BioMEMS & Biomedical NANOtech World 2002，Columbus, Ohio，2002 年 9 月 [262]

Biodetection Technologies 公司, Alexandria, VA，2002 年 5 月 [263]

此外，陆军埃奇伍德联合服务水监测项目正在积极研究供水系统的传感器，使用以下已经验证的检测技术：常规、光学技术、聚合物 / 材料、化验和特征物种。还在研究 MEMS（微机电系统）和 MOEMS（微光学机电系统）等新领域，依托在其他领域中验证的概念。

未涵盖的内容：

①用于分析饮用水的台式产品。

②专为临床样品设计的便携式产品。

③尚未得到广泛关注的零散研究论文。

④那些只是概念性的或目前没有前景应用于水的技术 / 产品。

在报告中，技术根据上述类别进行分类（例如，可用的、可适用的、新兴的），并提供了验证、概念证明、试点 / 实地试验或联名声明等方面的细节。请注意，对于大多数产品，除非另有注明外，制造商的声明未经独立的评估，美国国家环境保护局不会对提到的产品背书。以下是按检测到的污染物类型（例如，化学、微生物或辐射）、技术开发状态（例如，现在可用、可适用或新兴）以及在本文档的章节；分析类型和监测的主要污染物。

第 9 部分中的表格将传感器与所需的 EWS 特性进行了比较（表 9-2、表 9-4、表 9-6 和表 9-8），基于从第 5 部分至第 8 部分正文中引用的参考资料中获得的信息。在某些情况下，有些信息不完整是因为所在公司网站没有相关信息。如果没有供应商在相关网站发布信息或产品尚未上市，则也无法获得相关信息。

技艺和技术清单

产品	公司或开发人员	技术状况	章节
一般水质			
Series C15 W ater Quality Monitoring	Analytical Technology Inc.	可用	5 & 9
Sentinal™	Clarion Systems	可用	5 & 9
Six-Cense™	Dascore	可用	5 & 9
Model 1055 Solu Comp Ⅱ Analyzer	Emerson	可用	5 & 9
AquaTrend panel	Hach	可用	5 & 9
TOC Process Analyzer	Hach	可用	9
Model A 15/B-2-1	Analytical Technology Inc.	可用	9
Model 5500	GLI International	可用	9
DataSonde 4a	Hydrolab	可用	9
Model Troll 9000	In-Situ	可用	9
Signet Model 8710	Signet	可用	9
Model 6000 continuous monitor	YSI	可用	9
STIP-Scan	STIP Isco GmbH	可适用	5
化学物质			
Quick™ tests	Industrial Test Systems, Inc.	可用	6（2.1）&9
AS 75 arsenic test kit	Peters Engineering（Austria）	可用	6（2.1）&9
As-Top Water test kit	Envitop Ltd.（Oulu, Finland）	可用	6（2.1）& 9
PDV 6000 portable analyzer	Monitoring Technologies International Pty. Ltd.（Perth, W estern Australia）	可用	6（2.1）& 9

产品	公司或开发人员	技术状况	章节
Nano-Band^{TM} Explorer	TraceDetect (Seattle, Washington)	可用	6（2.1）& 9
CHEMetrics VVR	CHEMetrics	可用	6（2.2）& 9
1919 SMART 2 Colorimeter	LaMotte Company (Chesterton, MD)	可用	6（2.2）& 9
Mini-Analyst Model 942-032	Orbeco-Hellige (Farmingdale, NY)	可用	6（2.2）& 9
AQUAfast® IV AQ4000	Thermo Orion (Beverly, MA)	可用	6（2.2）& 9
Thermo Orion Model 9606 Cyanide Electrode	Thermo Orion (Beverly, MA)	可用	6（2.2）& 9
Cyanide Electrode CN 501 with the Reference Electrode R503D and Ion Pocket Meter 340i	WTW Measurement Systems (Ft. Myers, FL)	可用	6（2.2）& 9
Scentograph^{TM} CMS500	Inficon	可用	6（2.3）& 9
Scentograph^{TM} CMS200	Inficon	可用	6（2.3）& 9
CT-1128	Constellation Technology Corporation with Agilent's (5973N MSD)	可用	6（2.3）& 9
HAPSITE®	Inficon	可用	6（2.3）& 9
Field Enzyme Test	Severn Trent		6（2.4）& 9
Aquanox^{TM}	Randox Laboratories	可用	6（2.4）& 9
Eclox^{TM}	Severn Trent	可用	6（2.4）& 9
Tox Screen	Check Light, Ltd.	可用	6（2.5）& 9
Tox Screen Ⅱ	Check Light, Ltd.	可用	6（2.5）& 9
ToxTrak^{TM}	Hach Company	可用	6（2.5）& 9
Bio Tox^{TM} Flash	Hidex Oy	可用	6（2.5）& 9
Polytox^{TM}	Interlab Supply, Ltd.	可用	6（2.5）& 9
Microtox®	Strategic Diagnostics Inc.	可用	6（2.5）& 9
DeltaTox®	Strategic Diagnostics Inc.	可用	6（2.5）& 9
microMAX-TOX Screen	SYSTEM Srl. (Italy)	可用	6（2.5）& 9
MosselMonitor®	Delta Consult	可用	6（2.5）& 9
Bio-Sensor®	Biological Monitoring Inc.	可用	6（2.5）

产品	公司或开发人员	技术状况	章节
LuminoTox	Lab_Bell Inc.	可适用	6（3.1）
MitoScan	Harvard BioScience, Inc.	可适用	6（3.1）
IQ–Toxicity Test™	Aqua Survey	可适用	6（3.2）& 9
Daphina Toximeter	bbe moldaenke, Germany	可适用	6（3.2）& 9
Algae Toximeter	bbe moldaenke, Germany	可适用	6（3.2）& 9
Fish Toximeter	bbe moldaenke, Germany	可适用	6（3.2）& 9
Fish and Daphnia Toximeter	bbe moldaenke, Germany	可适用	6（3.2）& 9
Lumitox®	Lumitox Gulf L.C.	可适用	6（3.2）& 9
HazMatID™	SensIR	可适用	6（3.3）& 9
X–ray fluorescence	ITN	可适用	6（3.4）
SABRE 4000	Smiths Detection	可适用	6（3.5）& 9
HAZM ATCAD™	M icrosensor Systems Inc.（Bowling Green, KY）	可适用	6（3.7）& 9
Cyranose 320®	Cyrano™ –Smiths Detection	可适用	6（3.8）& 9
Nosechip™	Cyrano™ –Smiths Detection	可适用	6（3.8）& 9
Clam Biomonitoring	U. North Texas–EPA	新兴的技术	6（4.1）
Transgenic zebrafish	Great Lakes W ATER Inst.	新兴的技术	6（4.1）
Fish Biomonitoring System	US Army Center for Environmental Health Research	新兴的技术	6（4.1）
SOS Cytosensor	Adlyfe Inc.	新兴的技术	6（4.2）
Portable Cell–Based Biosensor	Gregory Kovacsat Stanford University	新兴的技术	6（4.2）
Portable Neuronal Microelectrode Array	U.S. Naval Research Laboratory	新兴的技术	6（4.2）
Dicast®	Optical Security Sensing（Optech Ventures LLC）	新兴的技术	6（4.3）
Fiber optic	Great Lakes WATER Inst.	新兴的技术	6（4.3）
MicroDMx™	Sionex	新兴的技术	6（4.4）
SAW based sensor	PNNL	新兴的技术	6（4.5）
Micromachined Acoustic Chemical Sensor	SNL	新兴的技术	6（4.5）

续表

产品	公司或开发人员	技术状况	章节
Micro-ChemLab CB™	SNL	新兴的技术	6（4.5）
S-CAD	Science Applications International Corporation	新兴的技术	6（4.5）
Surface enhanced raman	Real-Time Analyzers	新兴的技术	6（4.6）
微生物			
Bio-HAZ™	EAI Corporation	可用	7（2.1）& 9
SMART™ Tickets	New Horizons Diagnostics	可用	7（2.1）& 9
Bio Threat Alert（BTA）	Tetracore	可用	7（2.1）& 9
BADD	ADVNT	可用	7（2.1）& 9
RAM P	Response Biomedical Corporation	可用	7（2.1）& 9
AM SALite™	Antimicrobial Specialists and Associates Inc.	可用	7（2.2）& 9
Continuous Flow ATP Detector	BioTrace International	可用	7（2.2）& 9
WaterGiene™	Charm Sciences Inc.	可用	7（2.2）& 9
Profile™ -1（using Filtravette™）	New Horizons Diagnostic Corp.	可用	7（2.2）& 9
Microcyte Aqua® and Microcyte Field®	BioDetect	可用	7（2.3）
Micro-Flow Imaging	Brightwell Technologies	可用	7（2.3）
BioSentry	LXT/JMAR	可适用	7（2.4）& 9
Light scattering technology	Rustek Inc.	可适用	7（2.4）& 9
RAPTOR™	Research International（Naval RL）	可适用	7（3.1）& 9
xM AP®/Automated Pathogen Detection System（APDS）	Luminex and LLNL	可适用	7（3.2）& 9
RapiScreen™	Celsis-Lumac	可适用	7（3.3）& 9
BioFlash™	Innovative Biosensors	可适用	7（3.4）
Smart Cycler® XC System	Cepheid	可适用	7（3.5）& 9
HANAA	Cepheid	可适用	7（3.5）& 9
TIGER	Ibis	可适用	7（3.5）& 9
RAZOR	Idaho Technologies	可适用	7（3.5）& 9

续表

产品	公司或开发人员	技术状况	章节
Ruggedized Advanced Pathogen Identification Device（RAPID）	Idaho Technologies	可适用	7（3.5）& 9
Bio-Seeq^{TM}	Smiths Detection	可适用	7（3.5）& 9
PathAlert^{TM}	Invitrogen	可适用	7（3.5）
BOSS	Georgia Tech	可适用	7（3.6）
Spreeta^{TM}	Nomadics	可适用	7（3.7）& 9
M 1M	BioVeris	可适用	7（3.8）
Meso Scale cartridge reader	Meso Scale Defense	新兴的技术	7（3.8）
Quantitative lateral flow assay（QLFA）	NASA	新兴的技术	7（4.1）
Qdot^{TM}	Quantum Dot Co. /EPA research project	新兴的技术	7（4.2）
Upconverting Phosphor Technology^{TM}	SRI International-OraSure Technologies	新兴的技术	7（4.2）
DynaBeads®	Dynal	新兴的技术	7（4.3）
BEADS	PNNL	新兴的技术	7（4.4）
Doodlebug	Biopraxis	新兴的技术	7（4.5）
Sen-Z	CombiMatrix	新兴的技术	7（4.6）
M AGIChip	Argonne/DARPA	新兴的技术	7（4.7）
Bead Array Counter BARC	Naval Research Lab	新兴的技术	7（4.8）
GeneChip	Affymetrix	新兴的技术	7（4.9）
VeriScan^{TM} 3000	Protiveris	新兴的技术	7（4.10）
Bio-Alloy^{TM}	IatroQuest Corporation	新兴的技术	7（4.11）
"electronic taste chip"	University of Austin John T. M. cDevitt	新兴的技术	7（4.12）
Molecularly Imprinted Polymers		新兴的技术	7（4.13）
Magnetoelastic Sensors	Grimes Group	新兴的技术	7（4.14）
辐射			
SSS-33-5FT	Technical Associates	可用	8（2）& 9

续表

产品	公司或开发人员	技术状况	章节
SSS-33DHC	Technical Associates	可用	8（2）& 9
SSS-33DHC-4	Technical Associates	可用	8（2）& 9
SSS-33M8	Technical Associates	可用	8（2）& 9
MEDA-5T	Technical Associates	可用	8（2）& 9
3710 RLS Sampler	Teldyne Isco	可用	8（2）& 9
LEMS-600	Canberra	可适用	8（3）& 9
OLM -100 Online Liquid Monitoring System	Canberra	可适用	8（3）& 9
ILM-100	Canberra	可适用	8（3）& 9
GammaShark^{TM}	Clarion Systems	新兴的技术	8（4）
Online real-time alpha radiation detection instrument	DOE, now Los Alamos National Laboratory	新兴的技术	8（4）
Groundwater radiation detector	PNNL	新兴的技术	8（4）
Thermo Alpha Monitor	Thermo Power Corp.	新兴的技术	8（4）

附录 D

美国水利工程协会研究基金会资助的预警系统和其他适用研究项目总结

标题	项目描述	承包商和项目经理	调查员	完成日期
Applications of Online Monitoring #2516	记录技术成熟的在线监控探作以及遇到的问题，以确定操作、维护和校准要求。将专注于现有问题，其中包括： • 样品处理系统设计不良（样品管线堵塞） • 结果的不确定性和较差的质量保证 • 仪器使用不当，导致出现误导性的信息	McGuire Environmental Consultants 公司 项目经理：Ryan Ulrich	9个参与组织；见网站	8/15/2001 于 2004 年底出版
Design of Early Warning and Predictive Source-Water Monitoring Systems #2527	开发了用于实时污染物监测的预警和水源监测系统。这些系统将允许运营商预测可能对后续处理过程产生影响的水质事件。这项研究表明，在设计和运行早期预警系统时，应综合考虑供水系统所有部分。一种通用的一维迁移模型已经被开发并应用于俄亥俄河，并且可以推广到其他河流上来。此外，设计和运行预警系统的系统化方法得到了开发演示	Walter Grayman Consulting Engineer and University of Michigan 项目经理：Albert Ilges	合作伙伴：EPA 及其他 5 个参与组织；见网站	1/1/2002 于 2001 年出版

标题	项目描述	承包商和项目经理	调查员	完成日期
Online Monitoring for Drinking Water Utilities #2545	AwwaRF 和意大利研究组织 CRS-PROAQUA 认识到饮用水行业需要一个涵盖在线监测技术的综合资源，并启动了这个项目来开发这样的出版物。提供关于物理、无机、有机和在线仪器监测过程的尖端科学、实用技术和参考信息。还包括关于数据的处理、案例研究和新在线技术的信息。许多分析方法的技术都包括在《水和废水检验的标准方法》（1998 年）中	参与者：Awwa Research Foundation and CRS PROAQUA（Italy）	Azienda Mediterranea Gase Acqua Spa	2002 年出版
Development of Event-Based Pathogen Monitoring Strategies for Watersheds #2671	将制定和验证选择采样位置，采样频率和方法的策略，以准确体现在天气，水文或土地变化期间及以后流域内各种相关的病原体的出现和变化	项目经理：Linda Reekie	University of Massachusetts at Amherst	12/30/2005
Evaluation of Real-Time Online Monitoring Method for Cryptosporidium #2720	该项目旨在开发一种更加方便实用的实时连续在线监测方法。多角度光散射（MALS）技术可用作快速检测大规模爆发的水污染早期预警工具，因其能够预测隐孢子虫由卵囊的检测极限。MALS 还可以区分卵囊的不同物理状态，包括经臭氧处理的卵囊，热处理的卵囊或未经处理的活卵囊。该项目测试的技术有可能通过供水系统监测，处理优化，最终用户保护和监测，进水监测和水源选择对饮用水行业产生影响	项目经理：Misha Hasan	PointSource Technologies 公司，and Metropolitan Water District of Souther California （LA）	合作伙伴：EPA 和大都会区委员会	—	12/1/2004 于 2004 年出版

续表

标题	项目描述	承包商和项目经理	调查员	完成日期
Conventional and Unconventional Approaches to Water Service Provision #2761	虽然已经针对特定的污染物和法规评估了一些非常规的备选方案，但没有考虑到未来的监管情况。在满足新的严格标准方面，非常规的方法可能更具成本效益和可行性。该项目比较传统的和非传统的水处理和分配方式，从而为客户提供高质量的饮用水，包括POU和point-of-entry（POE）设备，小型社区系统和瓶装水。将包括资本成本，运营成本和维护成本，满足健康标准的能力和审美质量目标。还将考虑与所选择相关的风险。项目的长期可靠性的工程考虑。将假设未来严格的监管场景和消费者对高质量目美观的饮用水的需求。另请参见项目#2924	Stratus Consulting 公司 项目经理：India Williams	参与者：California Urban Water Agencies	3/15/2004 于 2005 年出版
Water Utility Self-Assessment for the Management of Aesthetic Issues #2777	缺乏对外观的监管可能是许多公司不积极主动地定期分析水的味道和气味（T&O）的原因。尽管 AwwaRF 制作了许多关于 T&O 控制的报告，但其中包含的许多知识尚未得到广泛应用，也没有为相关事件期间的沟通提供指导。在 AWWA 的 QualServ 和 Partnership 为开发部门和实际的 T&O 问题的自我评估项目的模型：识别公司及部门在三个方面的自我评估计划：然而，这些计划只涉及公共项目的处理部分。这些项目可以作为一些潜在的和实际的 T&O 问题，在 T&O 问题发生时的潜在的和实际的 T&O 问题管理，以及在相关项目的 T&O 事件期间和与公众的沟通	McGuire Environmental Consultants 公司 项目经理：Albert Ilges	—	7/31/2003 于 2004 年出版

续表

标题	项目描述	承包商和项目经理	调查员	完成日期
Innovative Systems for Early Warning Water Monitoring #2779	我们将开发和评估新的创新系统，以快速检测水中的化学物质（个体或类别），辐射，病原体或生物毒素，以帮助使这些系统更适合饮用水使用	项目经理：Ryan Ulrich KiwaN。V.	合作伙伴：KiwaN.V.	9/1/2004 将由 Kiwa 出版
Rapid Detection of Bioterrorism Agents in Water Supplies #2852	将开发和评估新的创新方法来评估水中的化学物质（具体物质或类别），辐射，病原体或生物毒素，以帮助使这些系统更适于饮用水	University of Cincinnati 项目经理：Ryan Ulrich	合作伙伴：EPA 参加人员：University of Cincinnati, EPA, 辛辛那提自来水厂	于 2005 年完成
Application of DNA Microarray Technology to Simultaneously Detect and Genotype Isolates of Pathogens in Water #2896	开发通用的方法难点在于包括病原体组之间的物理差异，需要浓缩大量水样检测某些低浓度病原体组，和标准难化的免培养端点检测方法的问题。该项目将设计一种 DNA 微阵列作为终点检测器，同时靶向几个特征良好的毒力基因，如大肠杆菌和细小的隐孢子虫	Battelle Pacific Northwest 实验室 项目经理：Misha Hasan	—	于 2005 年完成
Molecular Methods for Microsporidia Detection（MMMD）#2901	将评估自动提取方法和实时 PCR 检测虫方法的适用性。源水样将植入微孢子虫用于测试分析性能的测试样本。该测定将数据优化以提供尽可能低的检测限，效率和重现性	Southern Arizona Veterans Administration Health Care 和 University of Arizona 项目经理：Alice Fulmer	参与者：SAVAHCS/ BRFSA University of Arizona, CH Diagnostics & Consulting Services 公司	于 2005 年完成

标题	项目描述	承包商和项目经理	调查员	完成日期
Extraction Methods for Early/Real-Time Warning Systems for Biological Agents A #2908	将为生物制剂的替代物筛选 3 到 5 种不同的水样提取方法。该项目旨在开发一种便携式水体监测器，最好为手持式，能够实时检测所有有害物质，同时不存在误报	New Mexico State University 项目经理：Misha Hasan	合作伙伴：国防部 参与者：美国国务局（d5510）	于 2005 年完成
Results From the Water Utility Vulnerability Assessment Lessons Learned Study #2909	总结经验教训，并为大型饮用水公司开展的脆弱性评估提供信息交流论坛	Sandia National Laboratories 项目经理：Frank Blaha	—	2003 年 12 月 1 日报告可用
Case Study for a Distribution System Emergency Response Tool #2922	评估 PipelineNet 在不同水处理设施设定下监测供水系统的可行性和适用性。它是一个 EPA 免费提供给自来水公司的供水系统建模工具	Science Applications International Corporation 项目经理：Frank Blaha	合作伙伴：美国国家环境保护局	2003 年出版
Security Implications of Innovative and Unconventional Water Provision Options #2924	为水务公司提供其他们现在或将来可能需要考虑的供水服务安全性的评估。还帮助水务公司评估和计划使用瓶装饮用水，POU 和其他短期应急响应方案（另见项目 #2761）	Stratus Consulting 公司 项目经理：India Williams	9 个参与组织；见网站	2003 年完成 报告可用
Disaster Response, Recovery, and Business Continuity Planning for Water Utilities #2929	应急管理规划包括四个主要功能：规划，危机管理，后果管理和补救措施。更完善的准备工作可以尽量减少损失和经济损失，缩短恢复时间，并提高政府的公信力。如果一家水务公司与利益相关方一起制定了灾难响应，恢复和业务连续性计划，并进行常规培训，那么响应和恢复的能力就会大大增强	Stratus Consulting 公司 项目经理：India Williams	合作伙伴：EPA 和其他 21 个参加者；检测网站	于 2006 年出版

续表

标题	项目描述	承包商和项目经理	调查员	完成日期
Vulnerable Points in Water Distribution Systems #2931	通过确定可能的污染点来识别典型供水系统中的薄弱点。创建了合理的场景用来展示蓄意污染饮用水系统的后果。制定建议以降低供水系统的关键要素和子要素的脆弱性。	Economic and Engineering Services 公司 项目经理：Frank Blaha	合作伙伴：USEPA 和其他 9 个参加组织；见网站	于 2005 年出版
Cyber-Security for SCADA Systems #2969	监控和数据采集（SCADA）系统越来越容易受到黑客入侵。天然气技术研究所（GTI）于 1999 年建议天然气行业采用数字加密标准（DES）、Rivest, Shamir, Adelman (RSA) 公钥算法和 Diffie-Hillman 数生成算法作为一套算法。这种网络攻击改变已授权包括防止攻击者通过监听通信来研究系统，改变已授权的命令来进行未经授权的操作，以及发起未经授权的命令。也可以防止单个内部人士执行未经授权的操作	Gas Technology Institute 项目经理：Frank Blaha	合作伙伴：Gas Technology Institute TSWG Gas Technology Institute Chicago Department of Water Management	于 2005 年完成
Extraction Methods for Early/Real-time Warning Systems for Biological Agents B#2985	通过缩短提取步骤，将开发一种快速（<3 小时）且高效（60%~70%）的大容量提取方法。该项目将建立在国防部对联合服务水监测项目 Joint Service Agent Water Monitor (JSAWM) 的研究基础上。	Battelle Memorial Institute 项目经理：Misha Hasan	合作伙伴：CDC-Division of Parasitic Diseases	于 2006 年完成

续表

标题	项目描述	承包商和项目经理	调查员	完成日期
Point-of-Use Drinking Water Devices for Assessing Extent of Microbial Contamination in Distribution Systems #2986	该项目将确认发生生物恐怖主义袭击时使用POU饮用水设备的可行性，以帮助识别污染物、污染物传播和对公共卫生的影响。POU装置可以去除污染，并通过独立组织可靠的测试和认证其有效性，但尚未对城乡化学或生物破坏剂方面测试其有效性。已经探究了从颗粒状活性炭芯中提取细菌的方法，将其作为本项目的起点。一些标准方法利用纤维过滤器作为浓缩微生物（如隐孢子虫）的手段。一些标准方法在对大体积水样进行采样时利用纤维过滤器作为浓缩微生物（如隐孢子虫）的手段。本研究的目的是更好地了解供水系统中污染物的过滤模式	New Mexico State University 项目经理：Misha Hasan	合作伙伴：CDC/DPD	于2006年完成
Assessing and Improving Water Quality Sampling Programs in Drinking Water Distribution Systems #3017	从供水系统中的采样和监测网络收集的数据在检测和诊断水质的重要变化方面用途十分有限。该项目将开发更有效的方法和工具，以帮助相关公司科学地评估现有的采样计划并改进它们。该项目还将包含开发程序和算法，以达成多种目的和效益	Malcolm Pirnie 公司 项目经理：My-Linh Nguyen	合作伙伴：EPA	于2007年完成
Data Processing and Analysis for Online Distribution System Monitoring #3035	需要进行研究以探索数据处理方法，该方法能将供水系统条件的正常变化与异常的水质趋势或事件区别开来。该项目将开发一种通用数据处理方法以协助管理人员和系统操作人员发现在线监测数据中的异常	CSIRO（Commonwealth Scientific and Industrial Research Organisation）项目经理：My-Linh Nguyen	—	于2007年完成

续表

标题	项目描述	承包商和项目经理	调查员	完成日期
Model for Quality of Water in Distribution Systems #3038	将开发一个集成的分层模型系统，不仅描述了处置道系统中水质的基本过程，而且还模拟了鉴于一个网络中水质的时空变化活动	UKWIR 和 UK Engineering and Physical Sciences Research Council 项目经理：Jian Zhang	—	于 2007 年完成
Security Measures for Computerized and Automated Systems at (Water) and Wastewater Facilities #3045	将识别，组织，排序和描述最可能出现的电子安全威胁；与各种安全漏洞问题相关的风险；能够阻止未经授权的操作和蓄意改击的相关技术；为安全和数据通信选项提供基础通过最佳的实践得出；以及不确定的关键领域。将记录上述技术在水和废水设施的关键安装实施。还将记录数据通信和安全选项的实施，当前未使用选项的可行性研究，以及每个用于消除已发现安全漏洞解决方案的有效性	EMA 公司 项目经理：India Williams	合作伙伴：Water Environment Research Foundation (WERF)	于 2006 年完成
Emergency Communications With Local Government and Communities #3046	将制定并提供可供公共机构（供水和污水处理设施）和民选官员在灾害发生后以及灾害预警警报期间与公众沟通的书面和口头信息声明。还将包括一项公众作的行动计划，以提高公众对潜在公共卫生风险和正确应对措施的认识	待定 项目经理：Frank Blaha	合作伙伴：Water Environment Research Foundation	于 2007 年完成
Decision Support System for Water Distribution System Security #3086	将为相关公司提供广泛而丰富的知识库（关于毒剂改击对供水网影响）以及检测和减轻此类攻击的有效方法	Charleston (S.C.) Commission of Public Works 项目经理：Frank Blaha	参加人员：Colorado State University Advanced Data Mining	于 2007 年完成；需要特殊的发布协议

续表

标题	项目描述	承包商和项目经理	调查员	完成日期
Integrated Program for Early-Warning-System Sensors for Safeguarding Water Supply Systems #3093	将整合对传感器和早期预警系统的研究，以提高研究的效益和成本效益。最初将包括8个附属研究： • 使用紫外线探头进行在线监测 • 水蚤和斑马鱼联合监测 • 抑制胆碱酯酶的污染物检测 • 利用在线 HPLC 和 GC 分析进行有机污染物检测 • 利用光化学传感器检测有机微污染物的可行性研究 • 多个传感器和检测技术领域发展的年度报告，包含单个或多个传感器的检测系统数据处理，以及警报跟踪程序 • 污染后供水网络清理策略 • 探索在传感器开发和实施方面的共同投资和合作机会	项目经理： Frank Blaha	合作伙伴： KIWANV – Water Research	待定
Pilot Study on the Integration of Customer Complaint Data With Online Water Quality Data As an Early Warning System #3140	将开展一个联合试点研究项目，将客户投诉和在线水质数据整合到早期预警系统中。将包括8~10个大中型设施，覆盖不同地质分布和源水（地表水和地下水）	Virginia Polytechnic Institute & State University 项目经理：India Williams	合作伙伴： American Water Works Association	待定

尾注（包括网站参考资料）

1   http://cfpub.epa.gov/safewater/watersecurity/home.cfm?program_id=9

    http://www.epa.gov/safewater/watersecurity/pubs/action_plan_final.pdf

2   http://www.whitehouse.gov/news/releases/2004/02/20040203-2.html

3   http://www.whitehouse.gov/homeland/book/

4   http://www.whitehouse.gov/news/releases/2004/02/20040203-2.html

5   http://www.epa.gov/ordnhsrc/index.htm

6   http://www.epa.gov/etv/

7   http://www.epa.gov/ordnhsrc/news/news031005.htm

8   http://www.ewrinstitute.org/wisesc.html

9   http://www.epa.gov/safewater/security/index.html

    http://cfpub.epa.gov/safewater/watersecurity/home.cfm?program_id=8#

    response_toolbox

10 http://cfpub.epa.gov/safewater/watersecurity/home.cfm?program_id=9

    http://www.epa.gov/safewater/watersecurity/pubs/action_plan_final.pdf

11 http://www.epa.gov/ordnhsrc/pubs/fsTTEP031005.pdf

12 http://www.awwa.org/conferences/congress/

13 http://www.awwa.org/education/seminars/index.cfm?SemID=47

14 http://www.ewrinstitute.org/wisesc.html

15 http://www.infocastinc.com/tech/rapid.html

16 http://www.who.int/csr/delibepidemics/en/chapter3.pdf

    http://www.who.int/csr/delibepidemics/biochemguide/en/index.html

17 http://www.verdeit.com/VPages/SpiralDev.htm

18 http://www.aoac.org

19　http://www.stowa-nn.ihe.nl/Summary.pdf

20　http://www.epa.gov/ORD/NRMRL/wswrd/distrib.htm#Table%202.0%20
Proposed%20DSS

21　http://www.hydrarms.com/brochurepdf.pdf

22　http://www.waterindustry.org/Water-Fact/Hach-1.htm

23　http://www.tswg.gov/tswg/news/2004TSW GReviewBookHTML/ip_p18.htm

24　http://www.nsf.gov/eng/general/sensors/vanbrie.ppt

25　http://www.epa.gov/NHSRC/pubs/fsPureSenseCrada060204.pdf

26　http://www.7t.dk/company/default.asp

27　www.waterisac.org

28　http://www.hach.com

29　http://www.hach.com/hc/search.product.details.invoker/PackagingCode= 6950000/
NewLinkLabel=Hach+Event+Monitor+Trigger+System/PREVIOUS_
BREADCRUMB_ID=HC_SEARCH_KEYWORD/SESSIONID|Bmd5TURZM
E56SW 1aM 1ZsYzNSUFZV OUNW REV4TVE9PUNEazV Oag═|

30　http://www.instrument.org/Newsletter%20Articles/Summer%202003/
Innovative%20Monitoring.pdf

　　http://www.swig.org.uk/Nick%20Sutherland.pdf

31　http://www.emersonprocess.com/raihome/liquid/articles/06-14B-2004.asp

　　http://www.emersonprocess.com/raihome/documents/Liq_Brochure_91-
6030_200408.pdf

　　http://www.emersonprocess.com/raihome/liquid/products/Model_1055.asp

32　http://www.afcintl.com/water3.htm

33　http://www.clarionsensing.com/howitworks.shtml

34　http://www.elscolab.be/e/Stipscan%20iem%202003%20july1.pdf

　　http://www.elscolab.be/e/stipscan.pdf

　　http://www.stateoftheart.it/STIP-Buoy-SCAN.htm

　　http://www.baumpub.com/publications/arc/cep_04may/avensys.htm

　　http://www.epa.gov/watersecurity/guide/chemicalsensortotalorganiccarbonanal
yzer.html

35　EPA Press Release May 19, 2004.

http://yosemite.epa.gov/opa/admpress.nsf/b1ab9f485b098972852562e7004dc6
86/754a0739ba5bc9c9 85256e99005a9f60!OpenDocument

36 http://www.epa.gov/ORD/NRM RL/wswrd/distrib.htm#Table%202.0%20
Proposed%20DSS

37 Phone conversation with Dr. Ryan James, Battelle Laboratory Advance
Monitoring Systems, Center Verification Test Coordinator, 19 August 2004;
Interviewer – Stanley States

38 Presentation by K.L. King, Event Monitor for Water Plant or Distribution
System Monitoring; Hach Homeland Security Technologies; AW W A W
ater Security Congress; April 25–27, 2004

39 http://www.inficonvocmonitoring.com/downloads/pdf/haps–smart.pdf
http://www.inficonvocmonitoring.com/downloads/pdf/situprobe.pdf
http://www.inficonvocmonitoring.com/downloads/pdf/Scentograph%20CM
S200%20Brochure%20– %20Screen.pdf

40 http://www.contech.com/Chemical_Detection_Products.htm

41 http://www.awwa.org/education/seminars/index.cfm?SemID=47

42 http://www.epa.gov/etv/pdfs/vrvs/01_vr_eclox.pdf
http://www.quotec.ch/services/qeclox.htm
http://www.wateronline.com/content/Downloads/SoftwareDesc.asp?DocID=
{13C2390F–C9B1–4362– A1F0–4C3BDDD04B97}

43 http://www.randox.com/products.asp

44 http://www.epa.gov/etv/verifications/vcenter1–27.html

45 http://www.checklight.co.il/pdf/manuals/ToxScreen–II%20manual.pdf

46 http://www.epa.gov/etv/pdfs/vrvs/01_vr_toxscreen.pdf

47 http://www.hidex.com/index.php?a=4&b=12&c=12

48 http://www.epa.gov/etv/pdfs/vrvs/01_vr_biotox.pdf

49 http://www.azurenv.com/dtox.htm

50 http://www.epa.gov/etvprgrm/pdfs/vrvs/01_vr_deltatox.pdf
http://www.epa.gov/etv/pdfs/vrvs/01_vr_microtox.pdf

51 http://www.epa.gov/etv/pdfs/vrvs/01_vr_toxtrak.pdf

52 http://polyseed.com/html/polytox.htm

53 http://www.epa.gov/etv/pdfs/vrvs/01_vr_polytox.pdf

54 http://www.mosselmonitor.nl/

55 http://www.biomon.com/biosenso.html

56 http://www.sparksdesigns.co.uk/biopapers04/papers/bs171.pdf

    http://abstracts.co.allenpress.com/pweb/pwc2004/document/?ID=42895

    http://www.alga.cz/mk/papers/bios_02.pdf

    http://www.lab-bell.com/main.jsp?c=/content/gestiondeseaux_en.html&g=
    left_produits_en.html&l=en

    http://www.lab-bell.com/main.jsp?c=/news/new.jsp&n_id=30&l=en

57 http://www.alga.cz/mk/papers/bios_02.pdf

58 http://www.mitoscan.com/Applications.htm

    http://www.mitoscan.com/technol.htm

59 http://www.detect-water-terrorism.com/

60 http://www.epa.gov/etv/pdfs/vrvs/01_vr_aqua_survey.pdf

61 http://www.bbe-moldaenke.de/

62 http://www.bbe-moldaenke.de/

63 http://www.bbe-moldaenke.de/

64 http://www.lumitox.com/bioassay.html

    http://www.dewailly.com/LUMITOX/lumitox.html

    http://www.bioinfo.com/dinoflag.html

65 http://www.smithsdetection.com/PressRelease.asp?autonum=25&bhcp=1

66 http://www.sensir.com/newsensir/Brochure/ExtractIR%20Product%20Note.pdf

67 http://www.hazmatid.com/

68 http://www.itnes.com/

69 http://cfpub.epa.gov/ncer_abstracts/index.cfm/fuseaction/display.
    abstractDetail/abstract/7477/report/0

70 http://www.etgrisorse.com/pubblicazioni/contamination.PDF

    http://pms.aesaeion.com/ionpro/Products/theory

71 http://www.chemistry.org/portal/a/c/s/1/feature_ent.html?id=7635201a690a11d
    7f2a16ed9fe800100

72 http://www.emedicine.com/emerg/topic924.htm#section~ion_mobility_

spectroscopy

73 http://www.smithsdetection.com/prodcat.asp?prodarea=Life+sciences&bhcp=1

74 http://www.healthtech.com/2003/mfl/index.asp

75 http://www.memsnet.org/mems/what-is.html

76 http://www.memsnet.org/mems/beginner/

77 http://www.biochipnet.com/EntranceFrameset.htm

78 http://www.nano.gov/index.html

79 http://www3.sympatico.ca/colin.kydd.campbell/

http://www.sensorsmag.com/articles/ 1000/68/main.shtml

80 http://www.microsensorsystems.com/index.html

http://www.army-technology.com/contractors/nbc/microsensor_systems/

http://media.msanet.com/NA/USA/PortableInstruments/ToxicGasandOxygen

Indicators/Hazmatcad AndPlus/HazmatcadProductAnnounce.pdf

http://www.raeco.com/products/toxicagents/hazmatcad.pdf#search=' HAZMATCAD '

81 http://hld.sbccom.army.mil/downloads/reports/hazmatcad_detectors_addl_info.
pdf

82 http://www.smithsdetection.com/PressRelease.asp?autonum=12&bhcp=1

83 http://www.ias.unt.edu/~jallen/littlemiami/Clam_Page.html

http://www.ias.unt.edu/~jallen/clampage.html

84 http://www.uwm.edu/Dept/GLWI/cws/projects/carvan.html

85 http://usacehr.detrick.army.mil/aeam/Methods/Fish_Bio/

86 http://www.adlyfe.com/adlyfe/home.html

87 http://www.nrl.navy.mil/content.php?P=04REVIEW 118

88 http://www.uwm.edu/Dept/GLW I/cws/

89 http://www.optech-ventures.com/products.htm

http://www.intopsys.com/markets_brochures/Continuous-CableFOCSensor.pdf

90 http://www.sionex.com/technology/index.htm

91 http://www.saic.com/products/security/pdf/S-CAD.pdf

http://www.saic.com/products/security/s-cad/

92 http://www.sandia.gov/media/acoustic.htm

http : //www.is a.org/C on tent/C on tentG rou ps/InT ech2/F eatures/20012/20

01 _O ctob er/S urface_ acoustic_waves_to_the_mission_control/Dangerous_ chemicals_in_acoustic_wave_sensorsandNum82 17；_future.htm

93　http://www.sandia.gov/mstc/technologies/microsensors/flexural.html

94　http://www.sensorsmag.com/articles/1 000/68/index.htm

95　http://www.mdl.sandia.gov/mstc/documents/uchembrochure.pdf

http://www.ca.sandia.gov/chembio/factsheets/chemlab_chemdetector.pdf

http://www.sandia.gov/water/projects/ChemLab.htm

http://www.sandia.gov/water/FactSheets/W IFS_SensorDevNew.pdf

http://www.ca.sandia.gov/chembio/tech_projects/detection/chemlab_gas.html

http://www.ca.sandia.gov/chembio/tech_projects/detection/chemlab_liquid.html

http://www.mdl.sandia.gov/mstc/technologies/microsensors/chem.html

http://www.oit.doe.gov/sens_cont/pdfs/annual_0602/robinson.pdf

http://www.ca.sandia.gov/chembio/tech_projects/detection/factsheets/chemlab-bio-detector2.pdf

http://www.ca.sandia.gov/chembio/microfluidics/index.html

http://www.ca.sandia.gov/news/2003-news/031110news.html

http://www.ca.sandia.gov/chembio/tech_projects/detection/factsheets/famebrochure.pdf

96　http://www.nanodetex.com/index.html

97　http://www.ca.sandia.gov/news/2004_news/120704Mercury.html

98　http://www.technet.pnl.gov/sensors/chemical/projects/es4cwsen.stm

http://www.technet.pnl.gov/sensors/chemical/projects/es4selct.stm

http://www.technet.pnl.gov/sensors/chemical/projects/ES4SurfW vSnsr.stm

http://availabletechnologies.pnl.gov/chemmaterials/chem.stm

99　http://cfpub.epa.gov/ncer_abstracts/index.cfm/fuseaction/display.abstractDetail/abstract/7487/report/0

100　http://www.medical-test.com/product119/product_info.html

101　http://www.pall.com/OEM_4154.asp

102　http://www.idmscorp.com/pregnancytest.html

http://www.qdots.com/live/upload_documents/wQDVOct03_pg8-9.pdf

103　http://www.tetracore.com/products/domestic.html

104　http://www.nhdiag.com/index.htm

105　http://www.eaicorp.com/products_sca_bh.htm

106　http://www.baddbox.com/

107　http://www.osborscientific.com/PDF/Positive_test_for_terror_toxins_in_Iraq.
htm

108　http://www.responsebio.com/pdf/summaryanthrax_aug02.pdf

109　http://user.fundy.net/pjwhalen/adenosinetriphosphate.html
Biosensors & Food Safety Diagnostics（Paul S. Satoh Neogen Corporation
March 1, 2004）

110　http://www.celsis.com/products/pdfs/cels0150.pdf

111　http://www.amsainc.com/atp.asp

112　http://www.amsainc.com/atp-numbers.asp

113　http://www.charm.com/pdf/400-6505-503-300-01_WaterG.pdf

114　http://www.biotrace.com/content.php?hID=2&nhID=16&pID=16

115　http://www.geneq.com/catalog/en/profile-1.htm

116　http://www.bio.umass.edu/micro/immunology/facs542/facsprin.htm

117　http://pcfcij.dbs.aber.ac.uk/aberinst/mcytmain.html
http://www.biodetect.biz/products/mc.shtml
http://www.biodetect.biz/products/MC.pdf
http://www.biodetect.biz/applications/app303.pdf

118　http://www.brightwelltech.com/pdf_files/Micro-Flow_Imaging.pdf
http://www.brightwelltech.com/applications/app_notes/wtp.php

119　"JMAR Technologies, Inc. Plans Launch of Laser-Based Early-Warning
System to Detect Micro organisms in Water Supplies" JMAR Technologies,
Inc. Press Release.
http://biz.yahoo.com/bw/040621/2153461.html

120　ETV Technology Profile: On-Line Turbidimeters
http://www.epa.gov/etv/pdfs/techprofile/01_turbid.pdf

121　AwwaRF #2720: Continuous Monitoring Method for Crytpotsporidium
（abstract from website）
http://www.awwarf.com/research/TopicsAndProjects/projectSnapshot.aspx?

pn=2720

122　http://www.connect.org/members/april.htm

　　http://www.awa.asn.au/news&info/news/26jan03.asp

123　"JMAR Technologies, Inc. Plans Launch of Laser-Based Early Warning System to Detect Microorganisms in Water Supplies" JMAR Technologies, Inc. Press Release.

124　http://www.shu.ac.uk/scis/artificial_intelligence/IntelMALLS.html

125　http://www.shu.ac.uk/scis/artificial_intelligence/biospeckle.html

126　http://www.nrl.navy.mil/pressRelease.php?Y=2004&R=26-04r

　　http://www.resrchintl.com/pdf/spie_wqm.pdf

　　http://www.resrchintl.com/product_bibliography_source.htm

　　http://www.resrchintl.com/raptor.html

　　http://www.resrchintl.com/pdf/raptor_2%20.pdf

127　http://www.luminexcorp.com/01_xMAPTechnology/08_Tutorials/How_xmap_works

　　http://www.luminexcorp.com/01_xMAPTechnology/02_Applications/01_index.html

128　http://www.ncbi.nlm .nih.gov/entrez/query.fcgi?cmd=Retrieve& db=pubmed& dopt=Abstract&list_uids=15228315

129　http://www.celsis.com/products/pdfs/cels0158.pdf

　　http://www.celsis.com/products/products_dairy.php

130　http://www.vectech.com/newsletters/2003/November_Newsletter.pdf

131　http://www.innovativebiosensors.com/overview.htm

　　http://www.innovativebiosensors.com/tech.htm

132　http://www.idahotec.com/rapid/index.html

133　http://www.idahotech.com/pdfs/RAPID_pdfs/ETV%20Report-RAPID-short-release.pdf

134　http://www.idahotech.com/pdfs/RAPID_pdfs/SocietyScopeV6.3.pdf

135　http://www.defenseindustrydaily.com/2005/05/jbaids-a-step-forward-for-bioweapon-detection/index.php

136　http://www.idahotec.com/razor/index.html

http://stm2.nrl.navy.mil/~lwhitman/pdfs/nrlrev2001_BARC.pdf

137 http://www.sm ithsdetection.com/product.asp?product=B io% 2D Seeq&
prodgroup=B io% 2D Seeq&prodcat=Biological+Agent+Detection&prodarea=
Trace+detection&division=Detection

138 http://www.the-scientist.com/asp/Registration/login.asp?redir=
http://www.the-scientist.com/yr2003/may/lcprofile_030505.html

139 http://www.wrenwray.com/images/pdf/CEPHEIDA.PDF

140 http://news.moneycentral.msn.com/ticker/sigdev.asp?Symbol=CPHD&
PageNum=1

141 http://www.chem.agilent.com/Scripts/PCol.asp?lPage=50
http : //www.security pronews.com /news/securitynews/spn-45-20 05 04 07
InvitrogenanAgilent TechnologiesToCoMarketPathAlertDetectionSystem.html

142 http://www.ibisrna.com/
http://www.robodesign.com/tiger2.shtml

143 http://www.micro.uiuc.edu/boss/bossframes.htm
http://www.darpa.mil/mto/optocenters/presentations/cheng.
pdf#search='Georgia% 20Tech% 20BOSS %20sensor%20system'

144 http://asl.chemistry.gatech.edu/research_ir-sensors-frame.html
http://gtresearchnews.gatech.edu/newsrelease/ESMART.html
http://asl.chem istry.gatech.edu/pdf-files/conference% 20abstracts/M
izaikoff_SIcon_031301.pdf# search='evanescent%20field%20sensor'

145 http://www.cpac.washington.edu/~campbell/projects/spr.html
http://www.photonics.com/spectra/features/XQ/ASP/artabid.745/QX/read.htm

146 http://www.ee.washington.edu/research/denise/www/Lab/files/mike_spr_
final.ppt

147 http://www.bitc.unh.edu/annual.reports/2004BITCfactsheet.pdf

148 http://www.aigproducts.com/surface_plasmon_resonance/spr_considering.htm
http://www.aigproducts.com/surface_plasmon_resonance/spr_evaluation_
module.htm
http://www.nomadics.com/products/spr3/

149 http://www.aigproducts.com/surface_plasmon_resonance/spr.htm

150　http://www.stanford.edu/~bohuang/Research/Anal%20Chem%202002.pdf

151　http://www.bioveris.com/technology.htm

　　　http://www.mesoscaledefense.com/technology/ecl/diagram.htm

　　　http://www.mesoscaledefense.com/technology/ecl/walkthrough.htm

　　　http://www.sbs-archi.org/02pres/Umek.pdf

152　http://www.bioveris.com/products_services/life_sciences/instrumentation/

　　　m1manalyzer.htm

153　http://www.biospace.com/news_story.cfm?StoryID=17104620&full=1

　　　http://us.diagnostics.roche.com/press_room/2003/072403.htm

154　http://www.mesoscaledefense.com/coming_soon.htm

155　http://spaceresearch.nasa.gov/general_info/homeplanet.html

156　http://www.qdots.com/live/upload_documents/wQDVOct03_pg8-9.pdf

157　http://www.qdots.com/live/render/content.asp?id=47

158　http://www.qdots.com/live/render/content.asp?id=87

　　　http://www.bio-itworld.com/archive/021804/horizons_dot.html

159　http://www.sciencenews.org/articles/20030215/bob10.asp

　　　http://www.sciencedaily.com/releases/2 002/11/021127071742.htm

　　　http://www.eurekalert.org/pub_releases/2004-06/uosc-qds061404.php

　　　http://www.smalltimes.com/document_display.cfm?document_id=3811

　　　http://www.llnl.gov/str/Lee.html

160　http://www.epa.gov/OGW DW /methods/current.html

161　http://www.bravurafilms.com/projects/projectrep/phosphors.html

　　　http://www.orasure.com/products/default.asp?cid=10&subx=4&sec=3

　　　http://www.sri.com/news/releases/02-17-98.html

　　　http://www.sri.com/rd/chembio.html

162　http://www.orasure.com/products/prodsubarea.asp?cid=1&pid=126&sec=3&s

　　　ubsec=4

163　http://www.sri.com/rd/chembio.html

164　http://www.nanobioconvergence.org/speakers.aspx?ID=33

　　　http://www.orasure.com/products/prodsubarea.asp?cid=2&pid=126&sec=3&

　　　subsec=4

165　http://www.dynal.net/

166　http://www.technet.pnl.gov/sensors/biological/projects/ES4BEADS-Sys.stm

　　http://www.pnl.gov/breakthroughs/win-spr02/special3.html#biothreat

167　http://www.chem.vt.edu/chem-ed/spec/vib/raman.html

　　http://en.wikipedia.org/wiki/Raman_spectroscopy

168　http://www.iwaponline.com/wio/2003/04/wio200304W F00HHE8UR.htm

169　http://www.deltanu.com/companyinfo.htm

　　http://www.chemimage.com/products/

170　http://www.combimatrix.com/news_NBCKing5Aug04.htm

　　http://www.combimatrix.com/products_biothreat.htm

171　http://www.promega.com/geneticidproc/ussymp11proc/content/llewellyn.pdf

　　http://www.eurekalert.org/features/doe/2003-11/dnl-lft031804.php

172　http://www.foresight.org/conferences/MNT8/Abstracts/Colton/

　　http://stm2.nrl.navy.mil/~lwhitman/pdfs/nrlrev2001_BARC.pdf

173　http://stm2.nrl.navy.mil/~lwhitman/pdfs/Rife_Sensors_Actuators_A_published.pdf

174　http://www.gwu.edu/~physics/colloq/miller.htm

175　http://www.affymetrix.com/technology/manufacturing/index.affx

176　http://www.dsls.usra.edu/meetings/bio2003/pdf/Biosensors/2149Stahl.pdf

177　http://www.sciencemag.org/feature/e-market/benchtop/biochips3_10_18_02.shl

178　http://www.protiveris.com/new/products_folder/veriscansystem.html

　　http://www.buscom.com/nanobio2003/session3c.html

179　http://pharmalicensing.com/news/headlines/1070473459_3fce20f35628c

180　http://www.memsnet.org/mems/what-is.html

181　http://www.iatroquest.com/En.htm

　　http://www.iatroquest.net/Linked% 20D ocs/IatroQuest% 20Corporation%

　　20Fact% 20Sheet% 2004 0217-1334.pdf

182　http://www.cm.utexas.edu/mcdevitt/ET_Broch.pdf

　　http://www.cm.utexas.edu/mcdevitt/tastechip.htm

183　http://www.silsoe.cranfield.ac.uk/staff/apturner.htm

　　http://www.cranfield.ac.uk/ibst/ccst/mips/sensors.htm

184　http://www.scs.uiuc.edu/suslick/pdf/pressclippings/naturebiotech.0902-884.pdf

185　http://www.tekes.fi/ohjelmat/diagnostiikka/diag_esitykset/turner.pdf

186　http://www.ee.psu.edu/grimes/sensors/

187　http://www.isco .com /Web ProductFiles/Product_ Literature/201 /Specialty_
　　　Samplers?3710RL S_Radionuclide_Sampler.PDF

188　http://www.epa.gov/watersecurity/guide/radiationdetectionequipmentformoni
　　　toringwaterassets.html
　　　U.S. EPA, Radiation Detection Equipment for Monitoring Water Assets,
　　　Water and Wastewater Security Product Guide

189　http://www.tech-associates.com/dept/sales/product-info/sss-33-5ft.html
　　　Drinking Water Rad-Safety Monitor Model #SSS-33-5FT. Updated
　　　1/31/2002.

190　http://www.tech-associates.com/dept/sales/product-info/meda-5t.html
　　　Updated in 2002.

191　http : //www.isco .com /Web ProductFiles/Product_ Literature/201 /Specialty_
　　　Samplers?3710RL S_Radionuclide_Sampler.PDF

192　http://www.tech-associates.com/dept/sales/product-info/sss-33dhc.html

193　http://www.tech-associates.com/dept/sales/product-info/sss-33m8.html

194　http://www.canberra.com/products/802.asp

195　http://www.canberra.com/products/803.asp

196　http://www.canberra.com/products/801.asp

197　http://www.clarionsensing.com/home.shtml

198　http://apps.em.doe.gov/ost/pubs/itsrs/itsr312.pdf

199　http://www.cpeo.org/techtree/ttdescript/alpharad.htm Last updated 10/2002.

200　http://www.technet.pnl.gov/sensors/nuclear/projects/ES4Tc-99.stm

201　http://www.epa.gov/watersecurity/guide/radiationdetectionequipmentformoni
　　　toringwaterassets.html

202　http://www-emtd.lanl.gov/TD/W asteCharacterization/LiquidAlphaMonitor.
　　　html

203　http://www.cfsan.fda.gov/~dms/fssupd72.html#grants

204　http://www.johnmorris.com.au/html/Mantech/titrasip.htm

205　http://www.hach.com/hc/search.product.details.invoker/PackagingCode=

6950000/NewLinkLabel=Hach+Event+Monitor+Trigger+System/PREVIOUS_
BREADCRUMB_ID=HC_SEARCH_KEYWORD/SESSIONID|B3hNRFkwTl
RRNE56RTROekVtWjNWbGMzUk5Sdz09QWxKYVZ6RQ==|

206　FBI/CDC June 2002 Evaluation of Hand-Held Immunoassays for Bacillus
anthracis and Yersinia pestis

207　http://www.isco.com/WebProductFiles/Product_Literature/201/Specialty_
Samplers/3710RLS_Radio nuclide_Sampler.PDF

208　http://www.dhs.gov/dhspublic/theme_home1.jsp

209　http://www.dhs.gov/dhspublic/display?theme=36

210　http://www.globalsecurity.org/security/library/policy/national/hspd-9.htm

211　http://www.epa.gov/etv/homeland/

212　http://www.dhs.gov/dhspublic/display?theme=38&content=4014&print=true
http://www.fcw.com/fcw/articles/2004/0419/web-scada-04-19-04.asp
http://www.dhs.gov/dhspublic/interapp/editorial/editorial_0359.xml

213　http://www.fas.org/man/dod-101/army/docs/astmp98/sec3k.htm

214　http://www.dtic.mil/whs/directives/corres/pdf2/d200012p.pdf

215　http://www.defenselink.mil/news/Sep2004/n09032004_2004090304.html

216　http://www.darpa.mil/index.html

217　http://www.darpa.mil/dso/thrust/biosci/biostech.htm

218　http://www.darpa.mil/dso/thrust/biosci/biosensor/enabtech.html
http://www.darpa.mil/mto/People/PMs/carrano_dtec.html
http://www.darpa.mil/dso/thrust/biosci/biostech.htm
http://www.darpa.mil/dso/thrust/biosci/biosensor/enabtech.html
http://www.darpa.mil/dso/thrust/biosci/biosensor/auburn_d.html
http://www.darpa.mil/dso/thrust/biosci/biosensor/auburn_i.html
http://www.darpa.mil/dso/thrust/biosci/biosensor/sandia.html
http://www.darpa.mil/dso/thrust/biosci/biosensor/rush_med.html
http://www.darpa.mil/dso/thrust/biosci/biosensor/argonne.html
http://www.darpa.mil/body/procurements/old_procurements/jan2000/mtojan00. html

219　http://www.nrl.navy.mil/content.php?P=ABOUTNRL

220　http://pubs.rsc.org/ej/CC/2000/b003185m.pdf

221 http://www.nrl.navy.mil/content.php?P=04REVIEW 115

222 http://www3.interscience.wiley.com/cgi-bin/abstract/ 107061018/ABSTRACT

223 http://www.nrl.navy.mil/pao/pressRelease.php?Y=1996&R=26-96r

224 http://www.foresight.org/conferences/MNT8/Abstracts/Colton/
     http://stm2.nrl.navy.mil/~lwhitman/pdfs/nrlrev2001_BARC.pdf

225 http://stm2.nrl.navy.mil/~lwhitman/pdfs/Rife_Sensors_Actuators_A_
     published.pdf

226 http://stm2.nrl.navy.mil/~lwhitman/pdfs/nrlrev2001_BARC.pdf

227 http://www.globalsecurity.org/wmd/facility/edgewood.htm

228 http://www.epa.gov/ordnhsrc/

229 http://water.usgs.gov/wicp/acwi/monitoring/conference/2004/conference_
     agenda_links/power_points_etc/06_ConcurrentSessionD/90_Rm15_Vowinkel.pdf

230 http://www.ilsi.org/publications/pubslist.cfm?pubentityid=13&publicationid=268

231 http://water.usgs.gov/wicp/acwi/monitoring/conference/2004/conference_
     web_agenda.html

232 http://water.usgs.gov/ogw/karst/kig2002/msf_development.html

233 http://www.mdl.sandia.gov/mstc/technologies/microsensors/techinfo.html
     http://www.sandia.gov/sensor/noframes.htm
     http://www.ca.sandia.gov/chembio/news_center/ST2002v4no3.pdf

234 http://www.ca.sandia.gov/news/2004_news/120704Mercury.html

235 http://www.llnl.gov/llnl/001index/02about-index.html

236 http://www.llnl.gov/sensor_technology/SensorTech_contents.html

237 http://www.ornl.gov/ornlhome/about.shtml

238 http://www.ornl.gov/ornlhome/about.shtml

239 http://www.ornl.gov/info/ornlreview/rev29_3/text/biosens.htm

240 http://www.ornl.gov/sci/engineering_science_technology/sms/Hardy%20
     Fact%20Sheets/Countermeasures.pdf

241 http://pharmalicensing.com/news/headlines/10704734593fce20f35628c

242 http://www.ornl.gov/sci/biosensors/
     http://www.ornl.gov/adm/tted/LifeSciencesTechnologies/LifeSciences
     TechnologyList.htm

243 http://www.pnl.gov/main/welcome/

244 http://www.pnl.gov/main/sectors/nsd/%20homeland.pdf

245 http://www.technet.pnl.gov/sensors/

246 http://www.pnl.gov/main/sectors/nsd/%20homeland.pdf

247 http://www.inl.gov/index.shtml

248 http://www.amsa-cleanwater.org/meetings/04winter/ppt/ppt/30% 20--%20 FRI% 20-% 20Reinhardt, %20Glen/AMSA%20-%20Security%20Panel%20 Discussion%20-%20GR.pps

249 http://www7.nationalacademies.org/wstb/index.html

250 http://www4.nationalacademies.org/webcr.nsf/CommitteeDisplay/W STB-U-04-06-A?OpenDocument

251 http://www4.nas.edu/webcr.nsf/5c50571a75df494485256a95007a091e/5d3be ab7fa3bb8bc 85256d0b00705acf?OpenDocument

252 http://www.awwarf.org/theFoundation/

253 WERF's website: www.werf.org

254 http://cimic.rutgers.edu/epa-workshop.html

255 http://www.knowledgepress.com/

256 http://www.knowledgepress.com/events/7011409_p.pdf

257 http://www.healthtech.com/2003/btr/

258 http://www.knowledgepress.com/events/12111105_p.pdf

259 http://www.wtec.org/biosensing/proceedings/

260 http://www.knowledgepress.com/events/7191716_p.pdf

261 http://cimic.rutgers.edu/epa-workshop.html http://cimic.rutgers.edu/workshop2.html

262 http://www.healthtech.com/2002/bms/abstracts/symposium3.htm

263 http://www.knowledgepress.com/events/11071420_p.pdf